Midédji Didier HOUELOKOU

O dispositivo de segurança do Benim no Golfo da Guiné

Midédji Didier HOUELOKOU

O dispositivo de segurança do Benim no Golfo da Guiné

ScienciaScripts

Imprint
Any brand names and product names mentioned in this book are subject to trademark, brand or patent protection and are trademarks or registered trademarks of their respective holders. The use of brand names, product names, common names, trade names, product descriptions etc. even without a particular marking in this work is in no way to be construed to mean that such names may be regarded as unrestricted in respect of trademark and brand protection legislation and could thus be used by anyone.

Cover image: www.ingimage.com

This book is a translation from the original published under ISBN 978-620-2-27164-6.

Publisher:
Sciencia Scripts
is a trademark of
Dodo Books Indian Ocean Ltd. and OmniScriptum S.R.L publishing group

120 High Road, East Finchley, London, N2 9ED, United Kingdom
Str. Armeneasca 28/1, office 1, Chisinau MD-2012, Republic of Moldova, Europe
Managing Directors: Ieva Konstantinova, Victoria Ursu
info@omniscriptum.com

Printed at: see last page
ISBN: 978-620-8-50534-9

DEDICAÇÃO

Este livro de memórias é dedicado a :

- a minha mulher e os meus filhos. São, sem dúvida, a força motriz do meu progresso.
- Estou grato aos meus pais, que fizeram o trabalho essencial de me inscreverem na escola.

AGRADECIMENTOS

Gostaríamos de expressar os nossos sinceros agradecimentos a todos aqueles que contribuíram para a realização desta dissertação. Em particular, gostaríamos de agradecer a :

Léandre Edgard NDJAMBOU, professor catedrático do CAMES, professor-investigador, Universidade Omar Bongo, cuja ajuda inestimável foi decisiva para a realização deste estudo, que aceitou dirigir.

Eugène Ogandaga, da Universidade Omar Bongo, cuja orientação e disponibilidade foram fundamentais para a realização deste trabalho.

À direção da École d'État-major de Libreville (EEML) pelos seus esforços contínuos para promover uma cultura de excelência. A ousada reforma do ensino na EEML permitiu a inclusão deste mestrado na formação. Os nossos agradecimentos especiais vão para o Comandante da escola, Brigadeiro-General MOUISSI Pamphile, o Diretor de Estudos, Tenente-Coronel LESTIEN, e o Conselheiro Académico, Tenente-Coronel Arnaud Jézéquiel.

Aos nossos professores da Universidade Omar Bongo de Libreville, em particular os do Departamento de Geografia, comprometemo-nos a manter viva a chama que reacenderam em nós durante todos estes seminários.

Almirante Maxime Fernand AHOYO, Prefeito Marítimo do Benim, cuja ajuda e conselhos foram preciosos para a preparação deste trabalho.

Aos professores do nosso grupo, obrigado por exigirem o melhor de nós.

Todos os oficiais da Marinha francesa que nos deram algum do seu tempo para nos orientar e aconselhar. Especialmente o Tenente Major N'DAH Joas, pela sua disponibilidade.

A minha família, pelo seu apoio inabalável.

Os meus sinceros agradecimentos a todos vós.

ÍNDICE

INTRODUÇÃO GERAL

Antecedentes e justificação do tema

O Golfo da Guiné é uma zona situada no oeste do continente africano, com mais de 7.000 quilómetros de costa que se estende do norte do Senegal ao sul de Angola. A região inclui 16 países, nomeadamente a Guiné-Bissau, Guiné-Conacri, Serra Leoa, Libéria, Costa do Marfim, Gana, Togo, Benim, Nigéria, Camarões, Guiné Equatorial, São Tomé e Príncipe, Gabão, Congo, RDC e Angola. Tem uma importância geopolítica estratégica devido aos seus abundantes recursos naturais, como o petróleo, o gás natural, os minerais e as pescas. Além disso, a sua posição como uma importante rota de trânsito para o comércio internacional reforça ainda mais a sua importância regional e mundial.

O Benim, tal como outros países do Golfo da Guiné, enfrenta vários desafios importantes em matéria de segurança, desde a pirataria marítima e o tráfico de droga até ao tráfico ilícito de armas. Num contexto geopolítico regional em que a afirmação de soberania assume cada vez mais formas beligerantes, analisar o dispositivo de segurança do Benim no Golfo da Guiné com vista a identificar lacunas e recomendar soluções insere-se na abordagem de antecipação que deve caraterizar qualquer Estado consciente dos seus trunfos estratégicos. Tendo em conta que a emergência da ameaça terrorista jihadista na região norte se tornou uma prioridade para o governo e para as forças de defesa e segurança do Benim desde 2021, e que as questões de segurança marítima são susceptíveis de serem relegadas para segundo plano, é de grande interesse refletir sobre o sistema de segurança nacional no Golfo da Guiné, para que se possa manter um estado de vigilância sobre esta questão.

No âmbito de uma abordagem de segurança colectiva, o país participa em iniciativas regionais e internacionais destinadas a lutar contra estas ameaças, nomeadamente através de iniciativas de cooperação regional (Arquitetura de Yaoundé, Comissão do Golfo da Guiné, etc.) e internacional (França, EUA, China, etc.). Para um país com uma costa no Oceano Atlântico, a segurança marítima não deve continuar a ser uma preocupação exclusiva dos especialistas marítimos. É necessário descompartimentá-la para facilitar a emergência de uma cultura marítima.[1]

[1] Na aceção de "consciência marítima", definida pela Carta de Lomé como a compreensão efectiva de tudo o que se relaciona com o domínio marítimo e que pode ter um impacto na segurança, na proteção, na economia ou no ambiente, a cultura marítima ultrapassa, para nós, estas considerações. Para nós, a cultura marítima vai além destas considerações. É também a educação sobre o mar e as actividades que lhe estão associadas, para que se torne um reflexo sistematicamente tido em conta em todas as políticas públicas relacionadas com o mar.

1Mapa nº : Países do Golfo da Guiné.

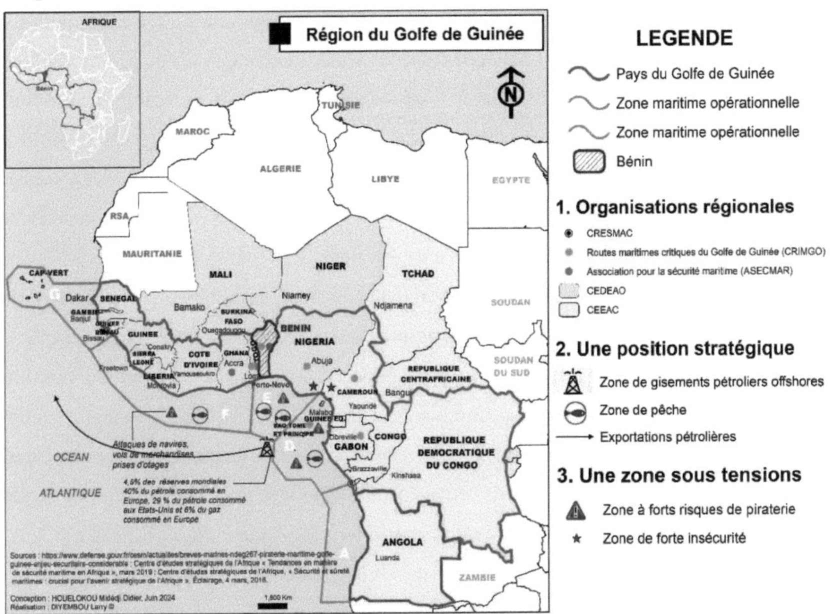

Além disso, o país tem "*um domínio marítimo teórico que se apresenta como um retângulo cujas dimensões equivalem a 125 km de largura por 370 450 km de comprimento, ou seja, 46 300 km²*".[2] Isto representa cerca de 40% do território nacional. [3]Embora o Benim disponha de um código marítimo desde 1968, ainda não conseguiu controlar a segurança do seu complexo espaço marítimo. [4][5]O Estado aplica a sua soberania de forma diferenciada nas zonas marítimas, em conformidade com a Convenção de Montego Bay de 1982: 12 milhas náuticas (22,22 km) de mar territorial, 188 milhas náuticas (348,176 km) de zona económica exclusiva e uma plataforma continental cuja extensão é pelo menos igual à da zona económica, ou seja, 200 milhas.[6] A zona contígua deixou de ter qualquer significado jurídico na sequência da adoção da Convenção de Montego Bay.

---

[2] Philippe NOUDJENOUME (dir), Les frontières maritimes du Bénin, L'Harmattan, Paris, 2004, p.47.

[3] Portaria n°38/PR/MTPTPT de 18 de junho de 1968 que estabelece o Código da Marinha Mercante do Daomé. Permaneceu em vigor até ser revogado pela Lei n.º 2010-11, de 7 de março de 2011, relativa ao Código Marítimo da República do Benim.

[4] Também conhecida como Convenção das Nações Unidas sobre o Direito do Mar (CNUDM), foi adoptada em Montego Bay, na Jamaica, a 10 de dezembro de 1982. O Benim ratificou a Convenção a 16 de outubro de 1997.

[5] ZEE: Zona Económica Exclusiva

[6] Philippe Noudjenoume, op.cit, p.46.

Na sequência da adoção do seu novo Código Marítimo em 2011, o Benim continuou a criar as suas disposições institucionais e operacionais para combater a insegurança marítima. Em 2013, o país adoptou uma estratégia nacional de proteção, segurança e proteção marítima. As resoluções 2018 (2011) e 2039 (2012) das Nações Unidas encorajam os países da região do Golfo da Guiné a desenvolver estratégias nacionais, sub-regionais e regionais para lutar eficazmente contra a insegurança marítima. Estas resoluções constituem um documento de orientação essencial para os esforços de reforço da segurança marítima na região. [7][8]A estratégia marítima nacional faz parte da visão definida no documento de prospetiva e planeamento Benin Alafia 2025 e é apenas um aspeto da política e da estratégia de segurança nacional.

[9][10]Por outro lado, no âmbito deste esforço de criação de um ambiente institucional que garanta a segurança das actividades marítimas no Benim, convém mencionar a criação da autoridade nacional responsável pela ação do Estado no mar, que é a prefeitura marítima (PREMAR). Esta instituição de dupla denominação é uma recomendação da estratégia nacional de proteção, segurança e proteção marítima e é responsável pela execução da ação do Estado no mar. [11]Substitui os órgãos de gestão da proteção e da segurança marítima criados por decreto em 2007. O Benim, através da sua fronteira marítima partilhada com a Nigéria e o Togo, beneficia de um acesso estratégico ao Golfo da Guiné, uma zona crucial para a segurança marítima regional. Para proteger as suas águas territoriais e prevenir a pirataria marítima, o Benim está empenhado em reforçar o seu dispositivo de segurança. Confrontado com actividades criminosas e terroristas desestabilizadoras na região, incluindo a pirataria, o tráfico de droga e o tráfico de seres humanos, o país adoptou uma abordagem global e coordenada para garantir a segurança dos seus cidadãos e contribuir para a estabilidade regional.

---

[7] Elaborada em 2000, a Visão Bénin Alafia 2025 é um documento prospetivo e de planeamento para o Benim até 2025. Define as principais orientações de desenvolvimento do país para 2025. Foi revisto em 2018. Foi adoptada uma nova versão, o Plano Nacional de Desenvolvimento 2018-2025, tendo em conta os ajustamentos necessários. Em vésperas do fim desta visão, foi já iniciado um processo de definição de um novo plano de desenvolvimento. Este terá como horizonte o ano de 2060. O objetivo é projetar o Benim 100 anos após a sua independência.

[8] Decreto n.º 2008-735, de 22 de dezembro de 2008, que aprova a política e a estratégia de segurança nacional.

[9] Decreto n.º 2014-785, de 31 de dezembro de 2014, relativo à criação, às competências e ao funcionamento da autoridade nacional responsável pela ação do Estado no mar. Alterado pelo Decreto n.º 2017-523 de 15 de novembro de 2017 e pelo Decreto n.º 2019-450 de 09 de outubro de 2019.

[10] O Prefeito Marítimo foi nomeado pelo decreto n.º 2015-566 de 06 de novembro de 2015.

[11] Decreto n.º 2007-621, de 31 de dezembro de 2007, relativo à criação, composição, competências, organização e funcionamento dos órgãos de gestão da proteção, segurança e proteção marítimas. Este decreto criou dois organismos principais: o Conselho Nacional de Proteção, de Segurança e de Proteção Marítima (CNPSSM) e o Comité Técnico de Proteção, de Segurança e de Proteção Marítima (CTPSSM). Estes dois organismos nunca estiveram plenamente operacionais até à elaboração do SNPSSM em 2013. Enquanto o CNPSSM nunca se reuniu, o CTPSSM reuniu-se apenas 4 vezes em 16 desde a sua criação.

Objetivo e âmbito do estudo

O estudo tem por objetivo analisar e avaliar as medidas tomadas pelo Benim para garantir a segurança marítima no Golfo da Guiné, uma região estratégica. Baseado em conceitos fundamentais, considera a segurança como um direito essencial para qualquer Estado soberano, especialmente numa área que enfrenta uma variedade de ameaças. A proteção marítima engloba acções destinadas a garantir a segurança das vias marítimas e a proteção dos navios, das tripulações e das mercadorias contra as ameaças. O Golfo da Guiné é conhecido pelos seus desafios em matéria de segurança, como a pirataria e o tráfico ilícito, o que faz do Benim, enquanto país costeiro da África Ocidental, um ator importante na gestão destes problemas. A cooperação regional e internacional é essencial para enfrentar estes desafios transfronteiriços, enquanto a governação da segurança exige uma abordagem holística, incluindo aspectos militares, policiais e institucionais, bem como a promoção da boa governação e do desenvolvimento socioeconómico. Por último, o estudo procura identificar os desafios do Benim em matéria de segurança no Golfo da Guiné e propor estratégias para reforçar o seu dispositivo de segurança marítima.

O âmbito do estudo abrange a governação marítima no Benim, incluindo a identificação das ameaças à segurança no Golfo da Guiné, uma análise das acções e iniciativas destinadas a reforçar a segurança marítima, um exame das parcerias regionais e internacionais e uma avaliação da eficácia e das deficiências das actuais disposições de segurança do Benim.

Objetivo do estudo

O principal objetivo é examinar os vários aspectos da segurança marítima no Golfo da Guiné, centrando-se no papel do Benim na estabilização regional. Isto implica uma discussão sobre a importância da cooperação internacional e regional para enfrentar eficazmente os desafios de segurança nesta área estratégica. Para o efeito, foram definidos vários objectivos específicos a partir do objetivo geral

- Analisar a eficácia do dispositivo de segurança e as capacidades operacionais das forças de defesa e de segurança do Benim em matéria de vigilância e de proteção das suas águas territoriais;
- Avaliar as medidas de segurança marítima atualmente em vigor no Benim, incluindo as políticas, os quadros regulamentares e as disposições operacionais;
- Examinar a cooperação regional e internacional do Benim em matéria de segurança marítima no Golfo da Guiné e avaliar o seu impacto no sistema de segurança nacional;

- Propor recomendações práticas destinadas a reforçar a capacidade do Benim para enfrentar os desafios da segurança marítima na região do Golfo da Guiné.

Interesse pelo tema

O estudo sobre o dispositivo de segurança do Benim no Golfo da Guiné reveste-se de interesse a vários títulos

- **Interesse científico:** A proteção do espaço marítimo do Benim é essencial para a preservação da biodiversidade marinha regional, uma vez que as águas costeiras do Benim albergam vários ecossistemas marinhos, como os recifes de coral e os mangais, que são vitais para muitas espécies marinhas.
- **Interesse estratégico**: O Golfo da Guiné é de importância crucial em termos de segurança marítima devido ao seu grande impacto económico e à presença de múltiplas ameaças, como a pirataria, o tráfico de droga e de armas e a pesca ilegal, não declarada e não regulamentada (INN).
- **Interesse político:** A proteção do espaço marítimo do Benim reveste-se de uma importância política devido ao seu papel na soberania territorial do país. Interessa igualmente à comunidade no seu conjunto, pois favorece a cooperação regional, a preservação do ambiente marinho e a segurança marítima.

Questões

O Benim enfrenta grandes desafios no que respeita à proteção do seu espaço marítimo, nomeadamente devido à falta de meios e de recursos, a uma cooperação regional limitada, à falta de coordenação entre as partes interessadas e à falta de cultura marítima entre os detentores do poder. Para garantir a segurança das suas águas, o país deve reforçar as suas capacidades e a cooperação com os actores regionais. [12]A participação dos cidadãos no debate sobre a segurança marítima é essencial, uma vez que esta responsabilidade cabe não só ao Estado mas também a cada cidadão. Para o efeito, a questão central do nosso estudo é formulada da seguinte forma:

Qual a eficácia da estratégia de proteção do transporte marítimo do Benim na luta contra os actos ilegais no Golfo da Guiné?

Esta questão central suscita uma série de questões subsidiárias:

[12] Maurice Kamto, em "*L'urgence de la pensée, réflexions sur une précondition du développement en Afrique*", éditions Mandara, Yaoundé, 1993, afirma na p.35 que devemos "pensar de modo a não sermos estranhos à cidade; de modo a que nada na sociedade nos seja estranho ou indiferente; de modo a que o Estado seja nosso, porque a política é assunto de todos. Porque, como disse Péricles na admirável oração fúnebre que lhe foi dada por Tucídides: *"Só nós consideramos quem não se interessa pelos assuntos do Estado não como um cidadão à vontade, mas como um inútil"*.

Quais são os desafios e as oportunidades para uma cooperação regional reforçada na luta contra estas ameaças?

Como é que as disposições de segurança do Benim podem ser melhoradas para responder melhor aos futuros desafios de segurança no Golfo da Guiné?

Pressupostos

Hipótese 1: A estratégia de segurança marítima do Benim enfrenta um certo número de desafios na luta contra a pirataria, o tráfico ilícito e a pesca ilegal no Golfo da Guiné. Apesar dos esforços envidados, nomeadamente em termos de reforço das capacidades e de cooperação regional, estas actividades ilegais persistem devido à falta de recursos, a uma coordenação limitada entre os intervenientes nacionais e regionais e a alegados actos de prevaricação. Para melhorar a eficácia da sua estratégia, o Benim deve intensificar os seus esforços em matéria de reforço das capacidades e de mobilização dos recursos, de cooperação regional e de luta contra a corrupção.

Hipótese 2: Os desafios que se colocam a uma cooperação regional reforçada na luta contra a pirataria, o tráfico ilícito e a pesca ilegal no Golfo da Guiné incluem prioridades e abordagens divergentes entre os países, tensões políticas que dificultam a cooperação, insuficiências financeiras e tecnológicas e conflitos sobre as fronteiras marítimas. Por outro lado, o reforço da cooperação permite partilhar informações e boas práticas, coordenar operações, mobilizar recursos colectivos e reforçar as capacidades institucionais. Contribui igualmente para a estabilidade regional, favorecendo o desenvolvimento económico e a segurança colectiva.

Hipótese 3: Para melhorar a segurança marítima no Golfo da Guiné, o Benim deve reforçar as suas capacidades de segurança, intensificar a cooperação regional, investir na vigilância marítima, lutar contra a corrupção, reforçar o quadro jurídico, sensibilizar e mobilizar os cidadãos e os recursos adequados. Combinando estas medidas, o Benim poderá responder melhor aos desafios da proteção do transporte marítimo na região.

Quadro metodológico

No presente trabalho, a metodologia baseia-se essencialmente numa análise da literatura existente sobre a segurança marítima no Benim e no Golfo da Guiné. Examinámos as convenções ratificadas pelo Benim, nomeadamente a Convenção de Montego Bay sobre o Direito do Mar de 1982. Consultámos igualmente artigos de jornais, análises, dissertações e trabalhos de investigação para enriquecer a nossa compreensão do assunto

- Foi também utilizado um questionário em três partes para apoiar alguns dos nossos argumentos;

- [13]Recolha de dados, tais como dados estatísticos sobre incidentes ou actividades de segurança no Golfo da Guiné, entrevistas com peritos em segurança marítima;
- Análise de dados para identificar tendências, lacunas e desafios no sistema de segurança do Benim;
- Interpretação dos resultados para identificar as áreas em que o sistema de segurança do Benim pode ser melhorado, os factores que contribuem para a sua eficácia e os desafios que enfrenta.

Coordenação dos trabalhos

Finalmente, a nossa análise está estruturada em duas partes. Na primeira parte, fazemos um diagnóstico da organização da proteção do transporte marítimo no Benim. Depois de mostrar como os dispositivos de segurança existentes estão mal adaptados às ameaças de grande amplitude que o Benim enfrenta no seu território marítimo (Capítulo I), examinamos o mecanismo de resposta para lidar com a insegurança marítima (Capítulo II). A segunda parte analisa os desafios e as perspectivas de aplicação da estratégia marítima do Benim. Os desafios são multidimensionais e multifacetados (capítulo III). Quanto às perspectivas, são tranquilizadoras se os esforços se concentrarem em assegurar a coerência da estratégia marítima do Benim (capítulo IV).

[13] O Prefeito Marítimo deu um contributo precioso para a elaboração do presente relatório. Outros oficiais da Marinha francesa também contribuíram com os seus conhecimentos para nos ajudar a compreender melhor certas preocupações.

PRIMEIRA PARTEDIAGNÓSTICO DA ORGANIZAÇÃO DA SEGURANÇA MARÍTIMA DO BENIM

Num mundo em que os desafios em matéria de proteção do transporte marítimo são cada vez mais complexos e diversificados, é essencial avaliar de forma crítica a organização da proteção do transporte marítimo de um país como o Benim. Sendo um Estado costeiro com acesso ao Oceano Atlântico, o Benim enfrenta uma série de ameaças marítimas, desde a pirataria e o tráfico ilícito até à poluição marítima.

Mesmo que todas as análises especializadas proponham a ideia de uma arquitetura de segurança regional para formar uma frente comum contra as ameaças com que se confrontam os Estados do Golfo da Guiné, não deixa de ser verdade que a segurança de um Estado e das suas zonas fronteiriças é, antes de mais, uma responsabilidade nacional. As iniciativas de cooperação continuam a ser práticas complementares do sistema nacional. Não se destinam a substituir as responsabilidades nacionais em matéria de segurança, nem a tornar-se o recurso sistemático a que os Estados devem recorrer.

[14]Ao adotar uma estratégia nacional de proteção, segurança e proteção marítima, cujo objetivo é "*reafirmar a autoridade do Estado no mar*", o Benim pretende exercer uma soberania plena sobre o seu domínio marítimo para o valorizar. Na presente secção, iremos analisar em profundidade a atual organização da segurança marítima do Benim, analisando os seus pontos fortes e fracos. Procuraremos compreender como o Benim está a enfrentar os desafios da segurança marítima. A reafirmação da autoridade do Estado no mar assenta num sistema de segurança mal adaptado às ameaças vindas de todas as direcções (CAPÍTULO I). A análise do dispositivo de reação à insegurança no espaço marítimo do Benim (capítulo II) permitirá compreender melhor os problemas deste dispositivo, com vista a considerar melhorias susceptíveis de reforçar a segurança marítima nas águas territoriais do Benim.

[14] Documento de estratégia nacional de proteção, segurança e proteção do transporte marítimo, p.68

CAPÍTULO I: UM SISTEMA DE SEGURANÇA MAL ADAPTADO ÀS AMEAÇAS VINDAS DE TODAS AS DIRECÇÕES

Confrontado com os complexos desafios da segurança marítima, o dispositivo de segurança do Benim é inadequado. Embora as actividades ilegais no mar, como a pirataria, os assaltos à mão armada, o transbordo ilegal, a poluição e a pesca ilegal estejam a aumentar, o quadro regulamentar e as estruturas responsáveis pela segurança marítima no Benim parecem ter dificuldade em responder eficazmente a estes desafios.

No presente estudo, examinaremos em pormenor as lacunas e as fraquezas do dispositivo de segurança do Benim face a estas ameaças globais, salientando as disfunções do quadro regulamentar, as deficiências operacionais e os desafios estruturais que comprometem a segurança marítima nas águas territoriais do Benim.

Secção 1: O quadro regulamentar e os actores envolvidos.

O quadro regulamentar e os actores implicados na gestão da segurança marítima no Benim são constituídos por vários elementos essenciais. Por um lado, existem leis e decretos que definem as responsabilidades, as competências e os procedimentos a seguir no domínio marítimo. Trata-se, nomeadamente, do Código Marítimo, das convenções internacionais ratificadas pelo Benim e dos decretos específicos que regem os diferentes aspectos da segurança marítima.

1.1: O quadro regulamentar.

Para regulamentar o espaço marítimo nacional e as actividades conexas, o Executivo beninense adoptou, em 2007, um decreto sobre a criação, composição, competências, organização e funcionamento dos órgãos de gestão da proteção, segurança e proteção marítima. O Conselho Nacional de Proteção, Segurança e Salvaguarda Marítima (CNPSSM) e o Comité Técnico de Proteção, Segurança e Salvaguarda Marítima (CTPSSM) são os dois órgãos criados por este regulamento. [15]O CNPSSM é responsável por :

- iniciar e dirigir todos os debates e acções susceptíveis de contribuir para a boa gestão da proteção, segurança e proteção do transporte marítimo no Benim;
- fornecer todas as orientações políticas necessárias para a segurança, a proteção e a salvaguarda da soberania e a proteção dos interesses nacionais no mar.

[15] Artigo 2.º do Decreto n.º 2007-621, de 31 de dezembro de 2007, relativo à criação, composição, competências, organização e funcionamento dos organismos de gestão da proteção, segurança e proteção do transporte marítimo.

O CTPSSM é responsável pela assistência ao CNPSSM.[16] Este ato regulamentar demonstra a vontade política de assumir o controlo do mar e das actividades conexas. No entanto, os órgãos criados por decreto em 2007 não funcionaram de facto. Constituídos principalmente por ministros e diretores das administrações envolvidas no mar, foram paralisados pela sobrecarga de trabalho destes altos funcionários.

Perante o recrudescimento da insegurança no seu espaço marítimo a partir de 2009, tornou-se urgente atuar no sentido de dotar o Benim de uma arquitetura jurídica mais dinâmica e operacional em matéria de segurança marítima.

Tirando partido das deficiências do quadro regulamentar de 2007, o país actualizou o seu Código Marítimo em 2011. Esta atualização tem em conta a adesão do Benim às convenções e tratados internacionais, nomeadamente à Convenção das Nações Unidas sobre o Direito do Mar.

Os outros textos adoptados e que constituem a arquitetura regulamentar do sistema de proteção do transporte marítimo do Benim são

- Decreto n.º 2013-551, de 30 de dezembro de 2013, que aprova a Estratégia Nacional de Proteção, Segurança e Proteção Marítima;
- Decreto n.º 2014-785, de 31 de dezembro de 2014, relativo à criação, organização, competências e funcionamento da Autoridade Nacional responsável pela Ação do Estado no Mar;
- Decreto n.º 2020-270, de 06 de maio de 2020, que obriga os navios comerciais com destino aos portos do Benim a estarem armados;
- [17]Portaria interministerial n°2020-016 relativa à proteção dos navios nas águas territoriais do Benim.

A este quadro regulamentar, há que acrescentar as competências da Marinha francesa, braço operacional responsável pela aplicação do dispositivo de segurança. Em termos gerais, o quadro jurídico que rege o meio marítimo do Benim é o seguinte

[16] Ibid. Artigos 8º e 9º.

[17] A presente portaria dá execução ao Decreto n.º 2020-270, de 06 de maio de 2020, que obriga os navios comerciais com destino aos portos do Benim a disporem de uma guarda armada. De acordo com a alínea er) do artigo 1.º deste decreto, "todos os navios com destino a um porto do Benim são obrigados a dispor de uma equipa de proteção armada a bordo (EAPE). Caso contrário, as forças públicas beninenses são obrigadas a assegurar a proteção à entrada das águas territoriais do Benim. As despesas correspondentes são pagas ao porto de escala.

1Figura nº: Organização jurídica e regulamentar do espaço marítimo do Benim.

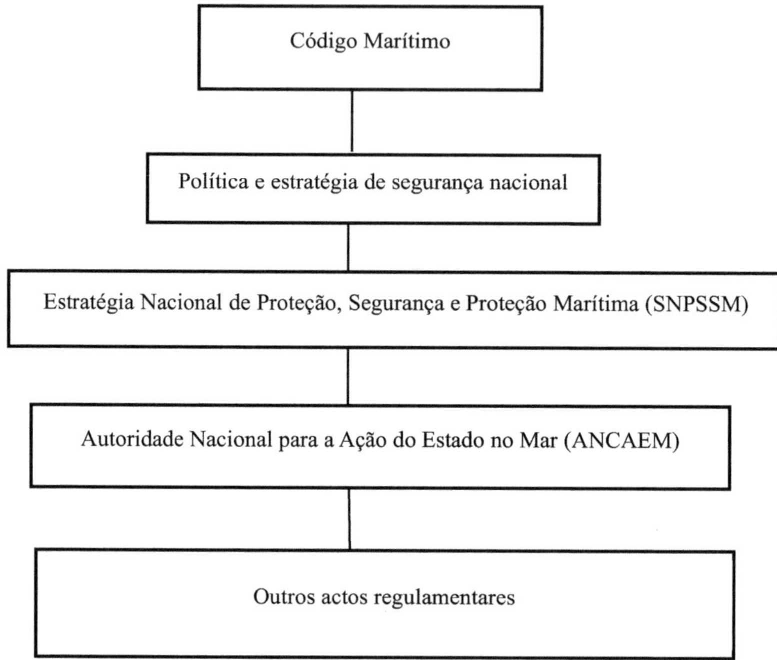

Fonte: Dados de campo, 2024 Produzido por HOUELOKOU, 2024.

Este esquema, que se inscreve na hierarquia das normas, é por vezes ilegível na prática. Composto por textos dispersos e por vezes difíceis de encontrar, os actores responsáveis pela sua aplicação não são tão óbvios para quem não pertence ao sector marítimo.

1.2: Os actores envolvidos.

Para que este arsenal jurídico funcione, vários actores estão envolvidos a diferentes níveis, e o seu envolvimento efetivo é necessário para alcançar a eficácia desejada. O primeiro destes actores, aquele que assume as funções de liderança e sobre o qual recai a reafirmação da autoridade do Estado no mar, é o prefeito marítimo. Nomeado por decreto do Conselho de Ministros, o prefeito marítimo encarna a autoridade nacional responsável pela ação do Estado no mar (ANCAEM) e é investido de "*poderes de polícia administrativa no mar". Controla as condições de utilização da força no mar*".[18] Aplica a abordagem de gestão do topo para a base.[19]

Como mostra a figura abaixo, os actores envolvidos na ação do Estado no mar no Benim estão estruturados de forma hierárquica.

2[20]Figura nº: Organigrama do quadro institucional da ação governamental no mar.

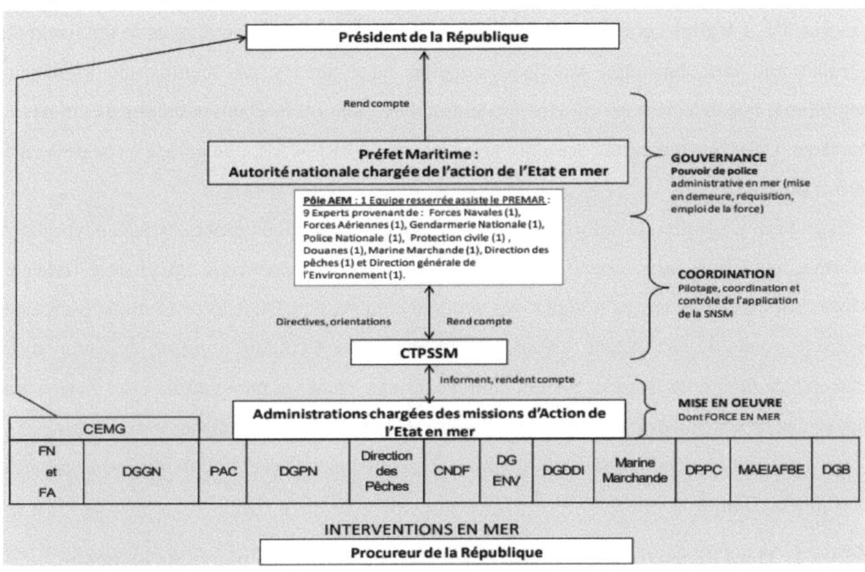

Fonte: SNPSSM, 2013.

[21][22]Na sequência das diversas revisões do Código Penal beninense em 2013, os tribunais nacionais, nomeadamente o Tribunal de Repressão das Infracções Económicas e Terroristas (CRIET), passaram a ter competência para julgar os suspeitos de actos de pirataria.

[18] Documento de estratégia nacional de proteção, segurança e proteção do transporte marítimo, p.72.

[19] Trata-se de uma abordagem de gestão em que as decisões são tomadas ao mais alto nível da hierarquia, que depois dá ordens aos escalões inferiores para as executarem. É precisamente o caso do PREMAR, que é a autoridade nacional para a ação do Estado no mar. O problema deste modelo de gestão é que as administrações envolvidas nem sempre trabalham em conjunto de forma óptima.

[20] Desde a adoção do documento do SNPSSM em 2013, ocorreram várias alterações. Estas incluem a fusão da Polícia Nacional e da Gendarmaria Nacional na Polícia Republicana, em 2018, e a criação do Tribunal para a Repressão das Infracções Económicas e do Terrorismo (CRIET), em 2018.

[21] A Lei nº2012-15 de 18 de setembro de 2013 relativa ao Código Penal da República do Benim foi alterada e completada pelas seguintes leis sucessivas: Lei nº2018-14 de 14 de fevereiro de 2018; Lei nº2020-23 de 29 de setembro de 2020; Lei nº2022-19 de 19 de outubro de 2022 e Lei nº2022-37 de 20 de dezembro de 2022. Estas diferentes alterações ao Código Penal do Benim reflectem a vontade do legislador de ter em conta a evolução da situação geral de segurança e a necessidade de adaptar o sistema judiciário nacional para lhe fazer face.

[22] Lei nº2018-13 que altera e completa a Lei nº2001-37 de 27 de agosto de 2002 relativa à organização judiciária na República do Benim, tal como alterada, e que cria o Tribunal de Repressão das Infracções Económicas e do Terrorismo.

Além disso, os oficiais que comandam os navios da Marinha francesa, bem como os segundos comandantes, foram habilitados como agentes da polícia judiciária (OPJ) para "*registar os actos cometidos no mar através de relatórios que são autênticos até prova em contrário.* [23]*Estes relatórios são imediatamente transmitidos aos procuradores competentes*".

Em termos práticos, a aplicação deste quadro jurídico começa com a ação da Marinha francesa. [24]É a Marinha que desencadeia a ação do Estado no mar, quer através de um navio de patrulha que descobre uma atividade suspeita, quer através dos centros de vigilância (semáforos) que detectam um movimento anormal no radar ou recebem um alerta de um navio mercante. Logo que a marinha descobre algo, informa o PREMAR, que coloca o seu pessoal a gerir a situação.

Para a recolha de informações, a Interpol ou os serviços especiais podem fornecer informações sobre casos específicos. A arquitetura de Yaoundé pode igualmente fornecer informações sobre os navios a vigiar. Na vertente comercial, a Direção da Marinha Mercante define as zonas de ancoragem dos navios que aguardam a entrada no porto de Cotonou. É estabelecida uma coordenação estreita com a Marinha Francesa para validar estas zonas, em função das capacidades de proteção dos navios que a Marinha pode colocar nestes locais.

O gráfico seguinte mostra os tipos de partes interessadas envolvidas na segurança marítima no Benim.

Figura 1: Tipos de partes interessadas envolvidas na segurança marítima no Benim.

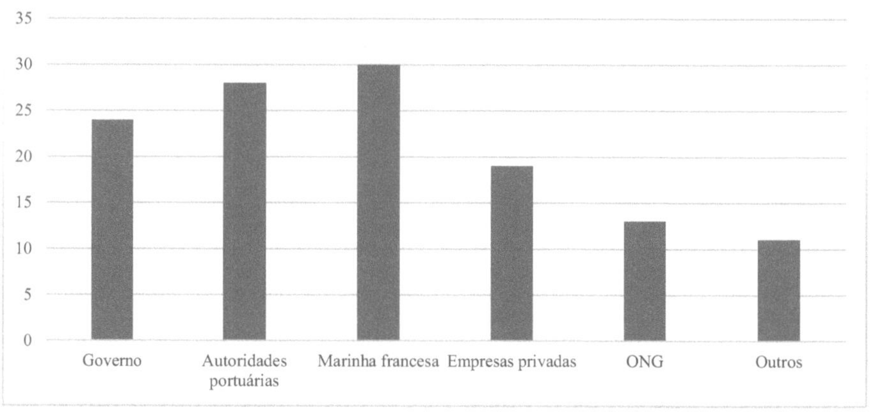

Fonte: Dados de campo, 2023. Com base no questionário do Apêndice 1.

[23] Artigo 29-1 da Lei n.º 2020-23 de 29 de setembro de 2020.

[24] O semáforo é um ponto de comunicação com os navios que se aproximam dos portos. É para a marinha o que a torre de controlo é para os aeroportos

Diversos como são, estes diferentes actores exercem uma variedade de actividades no mar. Consequentemente, não prosseguem os mesmos objectivos, mas estão sujeitos à mesma vulnerabilidade: a segurança do mar que caracteriza as suas actividades.

Em resumo, a ação do Estado no mar baseia-se num quadro regulamentar em constante evolução a nível nacional, a fim de responder às ameaças emergentes nas águas sob jurisdição do Benim. Este quadro legal e regulamentar é implementado por actores claramente definidos, com o PREMAR a ocupar uma posição central como autoridade líder, sendo a Marinha Francesa a entidade operacional.

Em resposta aos desafios de segurança no Golfo da Guiné, o Conselho de Segurança das Nações Unidas adoptou as resoluções 2018 (2011) e 2039 (2012), convidando os países em causa a desenvolver estratégias nacionais, sub-regionais e regionais para combater eficazmente a insegurança marítima.

Secção 2: Manifestações de insegurança na zona marítima do Benim.

"O Golfo da Guiné, que se estende do Senegal a Angola, tornou-se a terceira zona marítima de alto risco, juntamente com o Sudeste Asiático e o Golfo de Aden.[25] Em resposta a este desafio de segurança, o Conselho de Segurança das Nações Unidas adoptou as resoluções 2018 (2011) e 2039 (2012), convidando os países em causa a desenvolver estratégias nacionais, sub-regionais e regionais para combater eficazmente a insegurança marítima.

A insegurança marítima, tal como definida neste trabalho, engloba uma multiplicidade de actos no território marítimo do Benim. Estes actos manifestam-se de diversas formas, desde a pirataria marítima ao assalto à mão armada, ao transbordo ilegal, à poluição, à sobre-exploração dos recursos marítimos e à pesca ilegal, não regulamentada e não declarada (INN). Em 2011, e em especial entre abril e julho desse ano, a situação de segurança no mar deteriorou-se significativamente.

2.1: Pirataria marítima.

A pirataria marítima é definida como um ato criminoso cometido no mar, que envolve o uso da força ou a ameaça de uso da força, por indivíduos ou grupos para ganhos pessoais ou económicos. Estes actos incluem o roubo, o embarque, o desvio ou a tomada de controlo de navios, bem como a captura de reféns a bordo. A pirataria marítima pode também envolver

[25] Thierry Vircoulon e Violette Tournier, "*Sécurité dans le golfe de Guinée : un combat régional*", Politique étrangère n.º 3/2015, p161-174, acedido em www.cairn.info em 24/03/2024.

outras actividades ilegais, como o tráfico de droga, o tráfico de armas ou o tráfico de seres humanos.

O artigo 101º da Convenção das Nações Unidas sobre o Direito do Mar define a pirataria como qualquer um dos seguintes actos:

a) qualquer ato ilegal de violência ou detenção ou qualquer depredação cometida pela tripulação ou pelos passageiros de um navio ou de uma aeronave privada, agindo para fins privados, e dirigida :
    i) contra outro navio ou aeronave, ou contra pessoas ou bens a bordo, no alto mar;
    ii) contra um navio ou aeronave, pessoas ou bens, num local fora da jurisdição de qualquer Estado;
b) qualquer ato de participação voluntária na utilização de um navio ou de uma aeronave, sempre que o autor tenha conhecimento de factos que permitam concluir que o navio ou a aeronave é um navio ou uma aeronave pirata;
c) qualquer ato destinado a incitar ou facilitar a prática dos actos definidos nas alíneas a) ou b) do ponto 1.

O ato que constitui a pirataria só pode ter lugar no alto mar ou em qualquer outro lugar fora da jurisdição de qualquer Estado.[26] Juridicamente, "*os actos cometidos nas águas territoriais de um Estado não podem ser classificados como pirataria, na medida em que ocorrem numa zona sob a soberania de um Estado, que é o único competente para os reprimir. Estes actos são designados por brigandagem e definidos no Código de Conduta para a Investigação dos Crimes de Pirataria e Assalto à Mão Armada contra Navios, na Resolução 1.1065 (26) da Organização Marítima Internacional, que a define como "[...um ato ilícito de violência ou detenção ou qualquer depredação ou ameaça de depredação, que não seja um ato de pirataria, cometido para fins privados contra um navio, ou contra pessoas ou bens a bordo, nas águas interiores, águas arquipelágicas ou mar territorial de um Estado*".[27] Em 2023, dos 31 incidentes registados no Golfo da Guiné, 5 foram actos de pirataria e 26 actos de banditismo.[28] O Benim vê-se assim confrontado com actos de banditismo nas suas águas. De que se trata?

[26] Artigo 100º da UNCLOS.
[27] Centro MICA, relatório anual 2023.
[28] Ibid.

2.2: Actos de banditismo nas águas do Benim.

Nos últimos anos, os actos de pirataria no Golfo da Guiné diminuíram relativamente, mas os actos de banditismo mantiveram-se estáveis. Este diagrama resume a situação.

Figura 2: Número de eventos no Golfo da Guiné em 2023

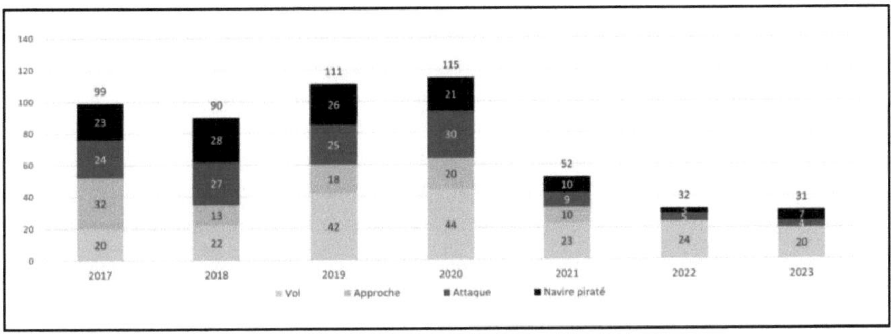

Fonte: Centro MICA, Bilan 2023, p.27.

Este gráfico mostra que 2020 registou o maior número de incidentes no Golfo da Guiné. O roubo é o ato ilegal mais elevado entre estes incidentes; os ataques registados durante o mesmo ano nesta área são também os mais elevados durante o período.

A situação dos actos de banditismo a nível nacional é a seguinte:

Figura 3: Número de eventos no Benim de 2008 a 2020.

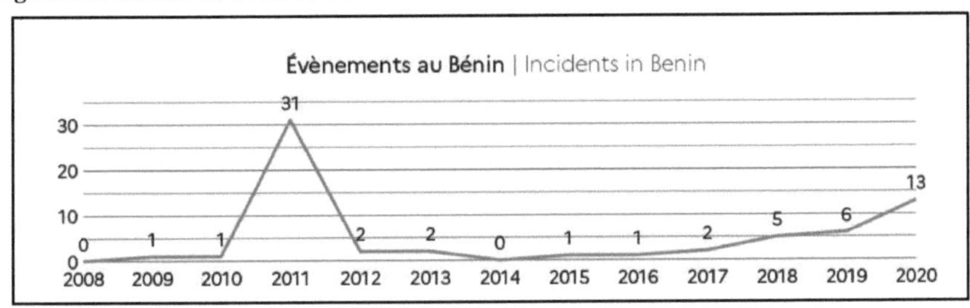

Fonte: Centro MICA, op.cit.

A maior parte destes actos envolve o rapto de membros da tripulação para obtenção de resgate, o desvio de navios para servirem de navios-mãe, o roubo de carga e o abastecimento de combustível, o roubo (equipamento de convés, objectos pessoais da tripulação), a pesca ilegal, a imigração ilegal, o tráfico de armas e de droga, as descargas ilegais e a poluição.

[29]Embora estes incidentes sejam cada vez menos assinalados, graças às medidas tomadas pelas autoridades nacionais, nomeadamente a obrigação de os navios que se dirigem a um porto do Benim terem a bordo uma equipa de proteção armada, as águas sob jurisdição do Benim continuam a não ser poupadas a este tipo de criminalidade marítima.

Com o terrorismo jihadista, uma ameaça que as forças armadas do Benim enfrentam na frente norte do país desde 2021, é fácil compreender que a criminalidade marítima transfronteiriça possa ser relegada para segundo plano e receber menos atenção das autoridades públicas.

O facto de estes actos de banditismo serem menos frequentes não significa que a ameaça tenha desaparecido, pelo que não será altura de examinar o mecanismo de resposta do Benim à insegurança marítima?

1Prato n°: Actividades de rotina da Marinha do Benim.

1Foto N° : Exercício interno da Marinha Francesa	**2Foto N°** : Vetor náutico da Marinha francesa em patrulha

Fonte: Divisão de Operações da Marinha Francesa, 2023.

Como mostram estas fotos, a Marinha francesa está empenhada nas suas missões. De facto, estes diferentes exercícios destinam-se não só a assegurar uma presença visível da força no mar, mas também a manter o know-how adquirido pelo pessoal durante os seus diferentes cursos de formação. Exercícios como estes são necessários e, quando são organizados regularmente, ajudam a dissuadir potenciais criminosos que actuam no mar e a manter o pessoal alerta.

[29] Alínea er) do artigo 1° do despacho interministerial n°2020-016/MIT/MDN/MSP/MEF/DC/SGM/CJ/SA/020SGG20 relativo à proteção dos navios nas águas territoriais do Benim.

CAPÍTULO II: ANÁLISE DO DISPOSITIVO DE REACÇÃO À INSEGURANÇA MARÍTIMA NO BENIM

A análise do mecanismo de resposta do Benim à insegurança marítima reveste-se de uma importância crucial no atual contexto da segurança regional e mundial. A proteção do transporte marítimo reveste-se de uma importância crescente na região do Golfo da Guiné, que se vê confrontada com um aumento dos actos de pirataria, dos assaltos à mão armada no mar e de outras formas de criminalidade transnacional. Neste contexto, o Benim, enquanto Estado costeiro, deve dispor de um dispositivo de reação eficaz para proteger os seus interesses nacionais no mar, garantir a segurança das suas vias navegáveis e contribuir para a estabilidade regional.

Este capítulo visa, portanto, analisar em profundidade os pontos fortes, as fraquezas e os desafios do atual mecanismo de resposta do Benim à insegurança marítima, destacando os vários aspectos institucionais, operacionais, tecnológicos e financeiros que o sustentam. Ao compreender melhor as lacunas e as necessidades do mecanismo atual, será possível formular recomendações estratégicas para reforçar a capacidade do Benim de responder aos desafios da segurança marítima na região.

Quais são então as deficiências da resposta do Benim à insegurança marítima (Secção 1) e como é que a abordagem de segurança nacional se enquadra no quadro sub-regional (Secção 2)?

Secção 1: Deficiências do mecanismo de resposta do Benim à insegurança marítima.

As deficiências do mecanismo de reação do Benim à insegurança marítima suscitam grandes preocupações quanto à capacidade do país para proteger os seus interesses no mar. Face a uma ameaça crescente na região do Golfo da Guiné, é essencial uma análise aprofundada destas deficiências para orientar os esforços de reforço da proteção marítima do Benim

1.1: Factores que explicam a insuficiência do mecanismo de resposta.

Para compreender esta preocupação, submetemos um questionário a alguns oficiais da marinha francesa. Embora se deva notar que os inquiridos conseguiram identificar com precisão os tipos de actores envolvidos na segurança marítima no Benim, consideraram, no entanto, que as respostas aos incidentes marítimos eram de velocidade média e que os recursos atribuídos eram inadequados.

A rapidez de resposta em caso de incidente marítimo é um fator essencial para atenuar os riscos e minimizar os danos.

Figura 4: Rapidez de reação em caso de incidente marítimo.

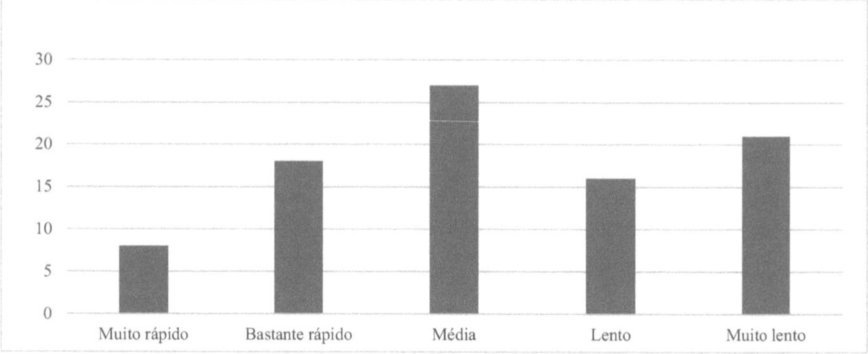

Fonte: Dados de campo, 2023. Com base no questionário do Apêndice 1.

A rapidez de resposta em caso de incidente marítimo é considerada média devido à insuficiência dos meios afectados. Por outras palavras, para os inquiridos, se os recursos atribuídos fossem suficientes, a resposta teria sido mais rápida.

Quanto aos meios afectados, a sua adequação desempenha um papel crucial para garantir uma resposta rápida e eficaz em caso de incidente marítimo.

Figura 5: Suficiência dos recursos afectados.

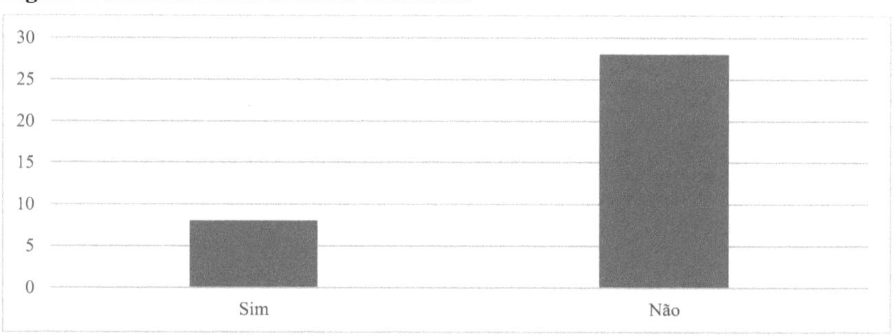

Fonte: Dados de campo, 2023. Com base no questionário do Apêndice 1.

Os recursos afectados à resposta em caso de incidente marítimo são considerados largamente inadequados pelos inquiridos.

As respostas que deram às categorias de recursos em falta e à questão de saber se a formação oferecida aos intervenientes na segurança marítima era ou não adequada completam a nossa compreensão do controlo do mecanismo de resposta. De facto, 100% dos inquiridos consideram que os recursos em falta são essencialmente materiais. São também financeiros e humanos, como mostra o gráfico seguinte.

Figura 6: Categorias de recursos em falta.

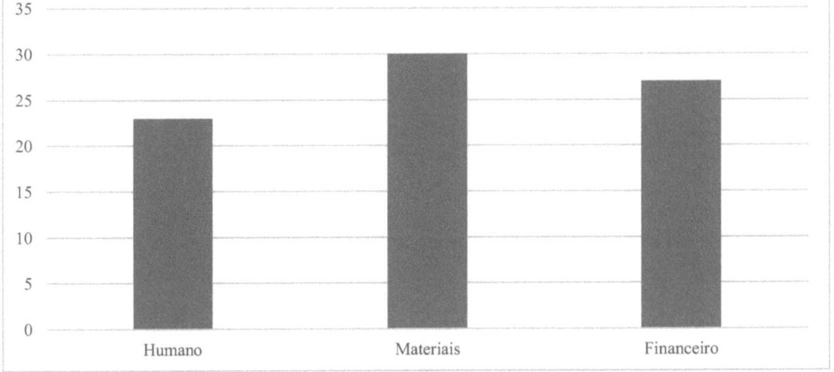

Fonte: Dados de campo, 2023. Com base no questionário do Apêndice 1.

A resposta aos incidentes marítimos no Benim é considerada de velocidade média devido à insuficiência dos meios materiais e financeiros afectados à Marinha francesa, responsável pela execução desta resposta.

O pessoal desta força é considerado como tendo recebido formação adequada para reagir corretamente em caso de incidente marítimo. Não existe, portanto, qualquer problema de competência a este respeito. É o que mostra o gráfico seguinte:

Figura 7: Adequação da formação dos jogadores.

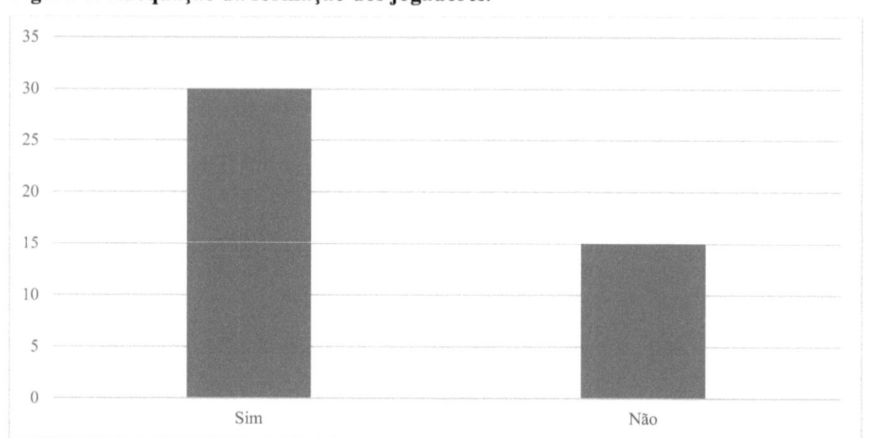

Fonte: Dados de campo, 2023. Com base no questionário do Apêndice 1.

Este gráfico mostra que se presume que o pessoal da Marinha francesa recebeu uma formação adequada para desempenhar corretamente a sua missão. A ineficácia da Marinha no tratamento de certos incidentes marítimos não pode, portanto, ser atribuída a um problema de formação.

Para além destes factores explicativos, pode ser efectuada uma análise induzida para identificar as deficiências do mecanismo de resposta do Benim à insegurança marítima.

1.2: Análise induzida.

No diagnóstico elaborado pela Estratégia Nacional de Proteção, Segurança e Proteção Marítima (SNPSSM), em 2013, constatava-se que as capacidades nacionais para combater eficazmente as ameaças marítimas eram insuficientes. Uma década depois, a situação parece estar a estagnar, como revelam as respostas dadas pelos participantes ao questionário intitulado "Identificação das fragilidades do sistema de resposta". Na sua opinião, as insuficiências do sistema de resposta são atribuíveis, por um lado, à inadequação dos recursos afectados e, por outro, aos desafios tecnológicos que afectariam moderadamente este sistema.

A falta de coordenação entre os responsáveis pela aplicação do sistema de reação é igualmente considerada um obstáculo. Quando uma patrulha da Marinha francesa detecta uma atividade suspeita no mar, informa imediatamente a sua hierarquia militar em . Em função da natureza da atividade suspeita, é constituída uma equipa de representantes das diferentes administrações envolvidas no mar em torno do PREMAR. Esta equipa assume então o comando das operações de gestão deste acontecimento específico. O pessoal da marinha francesa transmite as ordens a executar pelas patrulhas no mar.

Em suma, as insuficiências do dispositivo de reação do Benim à insegurança marítima devem-se tanto aos desafios tecnológicos enfrentados pelos equipamentos disponíveis como à falta de coordenação entre os actores responsáveis pela aplicação do dispositivo de reação.

É importante sublinhar que o quadro legislativo é considerado bastante eficaz. [30]Com efeito, desde que os comandantes dos navios passaram a ter poderes de polícia judiciária (OPJ), tornou-se mais fácil detetar as infracções e deter os suspeitos. Este poder de polícia começa agora no mar e continua em terra.

Figura 8: Perceção da legislação.

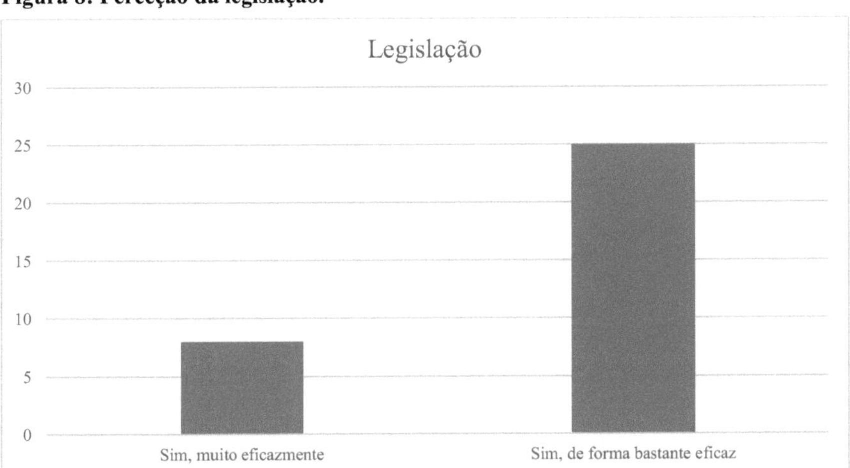

Fonte: Dados de campo, 2023. Com base no questionário do Apêndice 1.

Esta perceção de que a legislação é eficaz é um trunfo que deve ser capitalizado. Tranquiliza as pessoas que trabalham no mar, pois agora será possível intentar uma ação judicial contra os suspeitos apanhados no mar, ao contrário do que acontecia no passado, em que, por falta de legislação adequada, era garantido que os suspeitos escapavam à custódia da polícia.

O sistema nacional de segurança marítima e a arquitetura sub-regional estão estreitamente ligados. O sistema do Benim está integrado na arquitetura sub-regional através de uma estreita cooperação e coordenação entre as várias entidades nacionais e as estruturas

[30] Artigo 29-1 da Lei n.º 2020-23, de 29 de setembro de 2020, que altera e completa a Lei n.º 2012-15, de 18 de março de 2013, tal como alterada, relativa ao Código de Processo Penal da República do Benim.

regionais. Isto garante uma abordagem coerente e complementar para a gestão dos desafios da segurança marítima, alinhando as prioridades nacionais com os objectivos e iniciativas regionais. Em última análise, este facto reforça a capacidade do Benim para contribuir eficazmente para a segurança marítima na região do Golfo da Guiné.

Secção 2: A abordagem do Benim em matéria de segurança no quadro sub-regional.

[31]Ao afirmar que a região do Golfo da Guiné é teoricamente um espaço importante de integração, Abdelhak Bassou sublinha a ideia de que a abordagem cooperativa é uma necessidade para os Estados ribeirinhos do Golfo da Guiné se quiserem iniciar corretamente a maritimização das suas respectivas economias. [32]Nesta perspetiva, estes Estados decidiram conjugar os seus esforços em matéria de segurança no quadro de um órgão comum: o Centro de Coordenação Inter-Regional (CIC), que reúne as três comunidades regionais, nomeadamente a CEDEAO, a CEAAC e a CGG.

Como funciona então esta arquitetura de segurança regional e que papel desempenha o Benim nesta cooperação?

2.1: Como funciona a arquitetura de segurança regional

O CIC foi concebido como um órgão de direção e coordenação estratégica, organizado a vários níveis. A nível local, inclui os Centros de Operações Marítimas (MOC) nacionais, subdivididos em diferentes zonas geridas por Centros de Coordenação Multinacionais (CCM). A nível regional, existem os Centros Regionais de Segurança Marítima (CRESMAC para a África Central e CRESMAO para a África Ocidental). [33]Por último, a nível inter-regional, existe o CIC. Este centro, que não constitui um nível de comando suplementar na arquitetura de segurança regional, posiciona-se mais como um facilitador das iniciativas de cooperação. Quando ocorre um incidente no mar, envolvendo, por exemplo, dois Estados que fazem fronteira com a mesma zona, o Centro de Coordenação Multinacional encarrega-se dos procedimentos de intervenção das estruturas operacionais dos Estados em causa, partilhando informações actualizadas sobre o incidente em curso.

Em termos práticos, a eficácia do Centro de Informação e Coordenação (CIC) depende das capacidades operacionais nacionais. Com efeito, a credibilidade das acções do CIC está estreitamente ligada à eficácia das capacidades operacionais das diferentes entidades responsáveis pela segurança marítima nos Estados costeiros.

[34]Por outras palavras, para além das suas actividades de liderança, "*reforço, partilha de experiências, recolha e divulgação de informações, coordenação das actividades da*

---

[31] ABDELHAK Bassou, "La mer du golfe de Guinée : richesses, conflit et insécurité", revue maroco-espagnole de droit internationales et relations internationales, n.º 2, 2014.

[32] Nascido do processo de Yaoundé, o CIC é o culminar da vontade política dos Estados do Golfo da Guiné de conjugar os seus esforços de segurança para fazer face às ameaças marítimas.

[33] Mathieu ILINCA, "le CIC, clé de voûte de l'architecture de coopération interrégionale dans le golfe de Guinée", Revue Défense nationale 2016/7 (N°792), p.93-98, consultado em www.cairn.info em 17 de março de 2024.

[34] Ibid.

CRESMAC e da CRESMAO, promoção da harmonização da legislação, desenvolvimento da harmonização dos procedimentos operacionais normalizados", o ICC só será visto como um órgão credível quando as marinhas nacionais dos Estados ribeirinhos tiverem capacidades reais que lhes permitam cooperar para terem sucesso nas suas missões de segurança.

A figura abaixo mostra a importância da cooperação regional na luta contra a insegurança marítima no Golfo da Guiné. Sublinha igualmente a pertinência de analisar o papel específico de cada Estado nesta abordagem cooperativa. É precisamente sobre isso que nos debruçaremos no parágrafo seguinte.

A arquitetura de segurança regional está organizada da seguinte forma:

3Figura n.º: Organigrama da arquitetura de Yaoundé

Nível político
CECA, CEDEAO, CGG

Nível estratégico
CIC Yaoundé

Nível regional
CRESMAO Abidjan
CRESMAC Pointe Noire

Nível multinacional
CMC Zona E
CMC Zona F
CMC Zona
CMC Zona
CMC Zona

Nível
COM Nigéria Benim Togo Níger
COM Gana Costa do Marfim Serra Leoa Libéria Burquina
COM Senegal Gâmbia Guiné-Bissau Guiné Cabo Verde Mali
COM Angola Congo RDC
COM Camarões Gabão Guiné Eq São Tomé e Príncipe

Fonte: MARITIMAFRICA, 2020.

O exercício OBANGAME 2024 é uma iniciativa multinacional crucial para reforçar a segurança marítima no Golfo da Guiné, uma região estratégica que enfrenta grandes desafios como a pirataria, o tráfico de drogas e de armas e a pesca ilegal. Neste contexto, os meios humanos e materiais mobilizados pela Marinha Francesa testemunham o papel proactivo do Benim na abordagem regional da segurança marítima.

2Placa N° : Recursos humanos e materiais da Marinha francesa envolvidos no exercício OBANGAME 2024

3Foto N° : Assistência médica a uma vítima de catástrofe	**4Foto N° ; Centro de operações**
5Foto N° : Embarque num navio pirata	**6Foto N° : Aproximação de um navio-alvo**

Fonte: Dados de campo, 2024.

A participação da Marinha do Benim no exercício OBANGAME 2024, através dos seus recursos humanos e materiais, demonstra o seu empenhamento no reforço da segurança marítima no Golfo da Guiné. Ao trabalhar em conjunto com as marinhas de outros países da região, particularmente os da Zona E, o Benim está a demonstrar o seu interesse na cooperação internacional e na promoção da estabilidade regional, ao mesmo tempo que demonstra as suas capacidades operacionais e conhecimentos na gestão das ameaças marítimas contemporâneas.

2.2: O lugar do Benim na arquitetura regional de segurança marítima.

O Benim está empenhado em respeitar os instrumentos internacionais e regionais de luta contra a insegurança ao largo das suas águas e distingue-se pela sua participação ativa nas abordagens de segurança colectiva no domínio marítimo. [35]Com efeito, "*desde o apelo à solidariedade internacional lançado pelo Presidente Boni YAYI no verão de 2011, que conduziu à Resolução n.º 2018 do Conselho de Segurança, de 31 de outubro de 2011, confirmada nas suas recomendações pela Resolução n.º 2039, de 29 de fevereiro de 2012, que põe a tónica na cooperação sub-regional e regional através da criação de um quadro estratégico*", O Benim contribuiu positivamente ao criar todos os instrumentos jurídicos necessários para combater a insegurança marítima a nível nacional e ao desempenhar um papel ativo na criação das estruturas sub-regionais resultantes da aplicação da arquitetura de Yaoundé. [36][37]Foi assim que o acordo de sede entre a CEDEAO e a República do Benim relativo ao Centro Multinacional de Coordenação Marítima (CMMC) na zona marítima E foi assinado em Abuja em 2016. [38]Este centro, cuja missão é "*promover a cooperação entre as Partes para lhes permitir combater e erradicar a pirataria, os assaltos à mão armada no mar e outras actividades marítimas ilegais de forma mais eficaz*", assistiu à assinatura, em agosto de 2018, do memorando de entendimento relativo à implementação de operações e patrulhas marítimas conjuntas entre os Estados membros da zona marítima E da CEDEAO.

Sendo a CMMC o nível mais baixo da arquitetura de Yaoundé, é precisamente aqui que se pode medir o papel desempenhado pelo Estado costeiro nesta iniciativa regional. [39]O artigo 3.º do memorando especifica que a zona marítima abrangida pelo memorando "*é constituída pelas águas internacionais e pelas águas sob a jurisdição respectiva dos Estados do Benim, da Nigéria e do Togo*" e cria um "*grupo aéreo naval zona marítima E*" encarregado de efetuar operações e patrulhas conjuntas iniciadas pela CMMC. [40]O último exercício conjunto

---

[35] SNPSSM, p.46.

[36] Os acrónimos CMC e CMMC são equivalentes e podem ser encontrados na literatura especializada. CMMC para centro multinacional de coordenação marítima é geralmente a tradução local do CMC previsto na arquitetura de Yaoundé.

[37] Esta zona marítima foi estabelecida por um acordo multilateral em 15 de julho de 2013, em Abuja.

[38] W. GBAGUIDI, "*Insécurité maritime au Bénin : réponses institutionnelle et opérationnelle pour la sécurisation du trafic maritime*", tese de doutoramento da Universidade de Abomey-Calavi, defendida publicamente em 13 de abril de 2023.

[39] Memorando de Entendimento (MdE) sobre a realização de operações marítimas conjuntas e patrulhas entre os Estados membros da zona marítima E da CEDEAO, artigo 4.º, n.º 6: "As unidades aéreas e navais mobilizadas pelas Partes formam um grupo de combate de porta-aviões da zona marítima E, cujo comando tático é assegurado pelo Estado costeiro".

[40] Lançada oficialmente na segunda-feira, 11 de setembro de 2023, a operação de patrulhamento e segurança da área marítima da Zona E envolve o Togo, a Nigéria e o Benim, sob a liderança do CMMC da Zona E. Terminou na sexta-feira, 15 de setembro de 2023.

realizado até à data no âmbito desta iniciativa sub-regional é a Operação Domínio Seguro II. [41]Enquanto instrumento plenamente operacional, a Zona E da CMMC funciona do seguinte modo

4Figura nº: Níveis de comando e controlo para operações e patrulhas na Zona E

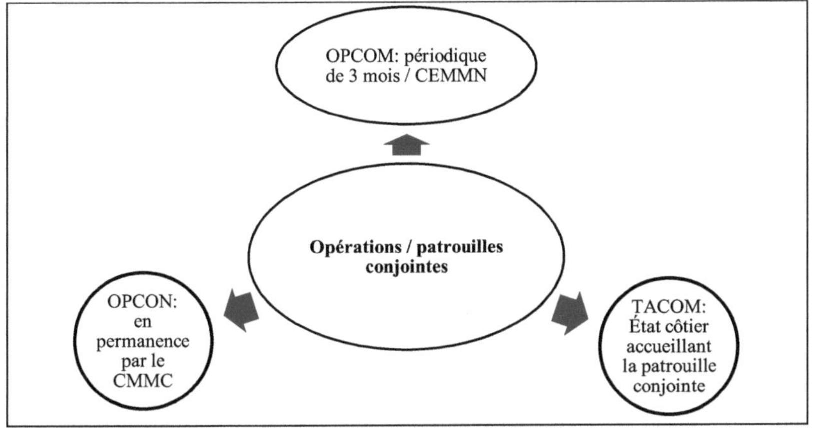

Fonte: Memorando de Entendimento de 30 de agosto de 2018, dirigido por HOUELOKOU, 2024.

Funcionando como um complemento dos dispositivos nacionais de segurança, o objetivo da CMMC Zona E é "*assegurar o controlo permanente, conjunto e coordenado da zona marítima E com vista a garantir a segurança marítima*".[42] . Embora esta ambição se exprima periodicamente através de exercícios conjuntos e, por vezes, de intervenções coordenadas em caso de crise no mar, continua a depender das capacidades operacionais nacionais. Se estas forem fracas num Estado, toda a sub-região sofrerá as consequências. Na Zona E, apenas a Nigéria dispõe de capacidades marítimas operacionais credíveis. Neste contexto, o papel proactivo desempenhado pelo Benim nestas iniciativas regionais carece de visibilidade e de credibilidade devido à fraqueza das suas capacidades operacionais

[41] O exercício do comando militar num quadro multilateral envolve diferentes níveis de comando e controlo. Esta divisão de responsabilidades faz parte de um sistema de responsabilização. Os termos OPCOM, OPCON e TACOM designam, respetivamente, o comando operacional, o controlo operacional e o comando tático.

[42] Memorando de Entendimento, op.cit.

Conclusão parcial

No final da presente secção, a avaliação da organização da proteção do transporte marítimo no Benim evidencia tanto os progressos como os desafios persistentes. Embora o país tenha adotado quadros regulamentares e políticas destinadas a reforçar a sua proteção do transporte marítimo, a sua aplicação efectiva e a coordenação entre os diferentes intervenientes continuam a ser deficientes. O recente declínio dos actos de pirataria no Golfo da Guiné é encorajador, mas a persistência de actos de banditismo sublinha a necessidade de uma vigilância permanente e de medidas adequadas para proteger as águas territoriais do Benim.

Para reforçar efetivamente a segurança marítima do país, é essencial reforçar as capacidades operacionais, melhorar a coordenação entre os vários organismos e promover uma cooperação regional mais estreita.

Ao adotar uma abordagem integrada e ao empenhar-se firmemente na superação dos desafios, o Benim pode proteger melhor os seus interesses no mar e contribuir para a estabilidade da região do Golfo da Guiné.

SEGUNDA PARTE: OS DESAFIOS E AS PERSPECTIVAS DA APLICAÇÃO DA ESTRATÉGIA MARÍTIMA DO BENIM

O desenvolvimento e a aplicação de uma estratégia marítima eficaz são essenciais para o Benim, enquanto país ribeirinho do Golfo da Guiné. Esta estratégia destina-se a dar resposta a um certo número de desafios pluridimensionais e multifacetados relacionados com a segurança, a economia e o ambiente no contexto marítimo.

Nesta segunda parte, exploramos os desafios e as oportunidades associados à aplicação da estratégia marítima do Benim, bem como as perspectivas de desenvolvimento sustentável e de prosperidade do país no sector marítimo. A estratégia marítima do Benim está estreitamente ligada a questões geopolíticas importantes e a perspectivas cruciais para o desenvolvimento marítimo do país. Enquanto país ribeirinho do Golfo da Guiné, o Benim desempenha um papel importante na dinâmica regional e internacional em termos de segurança, comércio marítimo e proteção do ambiente marinho.

A nível geopolítico, a aplicação da estratégia marítima do Benim exige uma gestão eficaz das relações com os países vizinhos e com os actores internacionais que operam na região. As questões de segurança marítima, como a pirataria, o tráfico ilícito e a criminalidade transnacional, exigem uma cooperação regional e internacional reforçada para garantir a estabilidade e a segurança das águas do Benim.

CAPÍTULO III: QUESTÕES MULTIDIMENSIONAIS E MULTIFACETADAS

As questões marítimas ocupam um lugar central no panorama geopolítico atual, reflectindo os desafios de segurança, económicos e ambientais que as nações de todo o mundo enfrentam. Estas questões, caracterizadas pela sua multidimensionalidade e variedade, levantam questões cruciais sobre a segurança, a gestão dos recursos e o desenvolvimento económico dos Estados costeiros. Este capítulo explora a complexidade destas questões marítimas, salientando a sua natureza variada e os desafios que colocam à comunidade internacional. Através desta análise, procuramos compreender as implicações destas questões para a estabilidade regional e as estratégias necessárias para as abordar de forma eficaz e coordenada.

Num mundo cada vez mais interligado, as nações costeiras enfrentam desafios complexos e em evolução no domínio da segurança marítima e da gestão dos recursos marinhos. Para responder a estes desafios, é essencial o desenvolvimento e a aplicação de quadros políticos eficazes. No entanto, a adaptação destes quadros estratégicos à evolução das realidades do contexto marítimo continua a ser um desafio constante.

Secção 1: Um quadro estratégico que deve ser adaptado.

Esta secção analisa a necessidade de adaptar o quadro estratégico marítimo do Benim, destacando os desafios encontrados, as lacunas observadas e as oportunidades. Através da análise das experiências passadas e das melhores práticas, exploraremos possíveis formas de aumentar a eficácia das estratégias marítimas num ambiente em constante mudança

Quais são, então, as insuficiências da estratégia nacional de proteção, segurança e proteção do transporte marítimo e que melhorias podem ser introduzidas para a tornar mais operacional?

1.1: Deficiências da estratégia nacional de proteção, segurança e proteção do transporte marítimo.

Quase dez anos após a adoção da estratégia, todas as administrações envolvidas ainda não cumpriram plenamente as exigências de coordenação e a interadministração não é totalmente eficaz. Esta situação revela simplesmente a ausência de uma "cultura marítima" entre certos actores da cadeia marítima. A criação da ANCAEM apresenta um certo número de deficiências estruturais. Esta autoridade, que deveria ser o órgão de coordenação de todas as administrações nacionais envolvidas no mar, deveria também ser o órgão responsável pela aplicação do SNPSSM. No entanto, o SNPSSM não prevê uma estrutura separada para o controlo e a avaliação. Esta lacuna no sistema de acompanhamento e avaliação mostra que certos objectivos específicos não foram alcançados.

[43][44][45]Por exemplo, no que diz respeito ao objetivo específico de "*desenvolver a capacidade de controlo do espaço marítimo*", que deve ser alcançado através do eixo estratégico "*promover uma melhor governação da ação do Estado no mar*", a atividade de criação do "*centro de peritos para assistir a Prefeitura Marítima*" nunca foi realizada. Assim, a Prefeitura Marítima foi criada e está a funcionar sem o centro de peritos.

Esta desvantagem estrutural inicial aumentou com o posto conferido ao Prefeito Marítimo. [46]Enquanto o SNPSSM previa que a ANCAEM "*assume a denominação e as funções de Prefeito Marítimo (PREMAR) e tem a categoria de Ministro*" , o decreto de alteração de 2017 ignora esta obrigação estratégica e prevê que "*o Prefeito Marítimo é nomeado pelo Presidente da República de entre os oficiais superiores da Marinha do ramo operacional, com a categoria mínima de Capitão (Marinha)*".[47] O PREMAR foi, portanto, criado sem uma autoridade reforçada, apesar do seu papel de coordenador para promover uma melhor governação da ação do Estado no mar.

Entre os desafios que se colocam à ação do Estado no mar no Benim contam-se o fraco apoio das administrações envolvidas, a falta de coordenação entre as partes interessadas e a ausência de procedimentos operacionais normalizados. Num domínio tão crítico como a segurança marítima, é imperativo que todos os intervenientes trabalhem em estreita colaboração e sigam protocolos bem estabelecidos para garantir a segurança das pessoas e dos bens. [48]No que respeita à prioridade estratégica "*modernizar os meios operacionais de intervenção do Estado no mar*", as lacunas e deficiências identificadas são as seguintes

- a inadequação e/ou obsolescência dos recursos adquiridos em relação aos objectivos prosseguidos;
- equipamento operacional insuficiente ;
- a ausência de um programa de manutenção do equipamento;

[43] Documento do SNPSSM, op.cit.
[44] Projeto de documento de avaliação do SNPSSM.
[45] Ibid.
[46] Documento do SNPSSM, op.cit. Esta ideia do SNPSSM de tornar o PREMAR um ministro, foi consagrada no Decreto n.º 2014-785, de 31 de dezembro de 2014, sobre a criação, organização, competências e funcionamento da ANCAEM.
[47] Novo artigo 8.º do Decreto n.º 2017-523, de 15 de novembro de 2017, que altera o Decreto n.º 2014-785, de 31 de dezembro de 2014.
[48] Projeto de documento de avaliação do SNPSSM.
[48] Ibid.

- o desmantelamento de um barco de patrulha, 4 lanchas rápidas e 5 barcos insufláveis.

De facto, mesmo na sua dimensão de cooperação internacional, o SNPSSM teve as suas falhas. Por exemplo, a operação conjunta entre o Benim e a Nigéria, denominada "Prosperity" e lançada em setembro de 2011 por um período de seis meses, falhou devido a problemas logísticos. Nesta operação, o Benim detinha o comando operacional (OPCOM), enquanto o comando tático (TACOM) cabia à Nigéria. [49]No entanto, a Nigéria forneceu 95% da assistência logística ( ), enquanto o Benim contribuiu apenas com 5%. A Nigéria empenhou dois helicópteros, dois navios e dois barcos interceptores, enquanto o Benim forneceu apenas dois barcos Defenders fornecidos pelos EUA.

Além disso, devido à ausência de um quadro nacional de concertação, as acções dos parceiros técnicos e financeiros (PTF) no âmbito da ação do Estado no mar são frequentemente desorganizadas e nem sempre alinhadas com os interesses nacionais.

A combinação destas deficiências tornou a implementação do SNPSSM ineficaz. Com a emergência de um novo conceito de economia azul no Benim, é oportuno propor algumas melhorias que poderiam ser benéficas na revisão do SNPSSM.

1.2: Melhorias a introduzir no SNPSSM.

O facto de ter um litoral e de ser um país ribeirinho do Golfo da Guiné confere automaticamente a um país uma vocação marítima. Por conseguinte, ter uma estratégia marítima significa estar consciente desta vocação geográfica, que influencia tanto a política interna como a política externa do país. Uma estratégia marítima "*é, antes de mais, o reconhecimento de que há questões em jogo.* [50]*É, depois, uma ambição e uma expressão de poder*"

A Estratégia Nacional de Proteção e de Segurança do Espaço Marítimo (SNPSSM) responde parcialmente a estes critérios: reconhece as oportunidades ligadas ao mar que podem ser exploradas em benefício do Benim e afirma uma ambição clara: reafirmar a autoridade do Estado beninense no mar.

No entanto, não foi concebido como uma expressão do poder marítimo. Além disso, a sua forte dependência de meios e mecanismos sub-regionais e/ou internacionais para a sua aplicação sublinha claramente esta falta de expressão de poder.

---

[49] Raphaël TIWANG WATIO e Messan LAWSON, "*Maritime piracy in the Gulf of Guinea*", Centre de Droit Maritime et Océanique, Universidade de Nantes, vol. 20, 2014/2

[50] Hervé Moulinier, op.cit.

Para não repetir os mesmos erros cometidos na aplicação do SNPSSM, os organismos responsáveis pela definição ou atualização da nova estratégia para a economia azul poderiam explorar as seguintes vias

- O alinhamento da estratégia nacional com as diretivas internacionais e regionais pode efetivamente comprometer a capacidade de afirmação plena do Estado e correr o risco de ficar sob influência estrangeira. É fundamental reconhecer que a presença de uma frente marítima impõe ao país uma responsabilidade histórica em matéria marítima. Esta consciência da importância do domínio marítimo, intrínseco à geografia do Benim, deve ser um elemento central no desenvolvimento de qualquer política pública, nomeadamente de uma estratégia marítima. Nesta perspetiva, é imperativo organizar um debate público que envolva todos os actores envolvidos, incluindo os centros de investigação e as universidades especializadas. O objetivo deste debate é informar a opinião pública nacional sobre o rumo que o país deve seguir em matéria marítima.
- A criação de um centro de investigação marinha, a funcionar em paralelo com outras estruturas como a ANCAEM, seria essencial. Este centro seria encarregado de efetuar estudos aprofundados sobre todos os aspectos do mar, permitindo antecipar as alterações do meio marinho e tirar partido desta vantagem geográfica. Dotado de meios adequados e de pessoal qualificado, este centro de investigação seria o coração intelectual do sistema posto em prática pela estratégia nacional.
- A nova estratégia deverá ter em conta as lacunas observadas durante a execução do SNPSSM. Deverá, nomeadamente, abrir novos caminhos, assegurando uma maior clareza da cadeia institucional da ação pública no mar. A legislação e a regulamentação actuais neste domínio estão dispersas e são de difícil acesso. Ao definir uma arquitetura regulamentar marítima única e ao torná-la acessível em linha, esta nova estratégia facilitará o acesso de um público mais vasto à regulamentação marítima. Ao fazê-lo, contribuiria para enraizar a cultura marítima na população.

A elevação do cargo de Prefeito Marítimo à categoria de Ministro, com subordinação direta ao Chefe de Estado, seria um passo importante para reforçar e apoiar a ação global e interministerial contra a criminalidade marítima. Tendo em conta estas sugestões de melhoria, deverá ser possível alcançar a eficácia desejada da Estratégia Nacional de Proteção e Segurança do Espaço Marítimo. No entanto, para garantir o pleno sucesso desta estratégia, é também essencial reforçar o quadro operacional que a implementa.

Secção 2: Reforçar o quadro operacional.

Apesar dos desafios colocados pelos seus meios operacionais limitados, a Marinha Francesa continua a ser o ator principal no Benim para as missões no mar. O seu empenhamento permanente na vigilância e na intervenção ao longo das costas e das zonas marítimas circundantes evidencia o seu papel essencial na segurança marítima do país.

Como está atualmente organizada a Marinha do Benim para fazer face à criminalidade marítima e, sobretudo, para cumprir as suas missões? Como é que a Marinha pode ser reforçada para melhorar o seu desempenho?

2.1: A organização e o funcionamento da marinha francesa.

Melhorias específicas nos domínios da vigilância, da frota, da manutenção e da formação do pessoal, bem como a adição de meios aéreos navais, reforçariam significativamente a capacidade operacional da Marinha francesa. Isto permitir-lhe-ia responder mais eficazmente aos desafios marítimos actuais e futuros, assegurando simultaneamente uma presença eficaz no mar e optimizando a sua capacidade de intervenção quando necessário.

A capacidade operacional da Marinha francesa é atualmente considerada uma fraqueza. Os meios de vigilância, de tratamento e de partilha das informações marítimas, bem como os meios de intervenção no mar, são limitados. [51]A frota é composta por três semáforos, um barco de patrulha de alto mar, cinco barcos de patrulha costeira e lanchas de alta velocidade com um alcance muito limitado.

No entanto, os problemas de manutenção e de conservação comprometem a sua presença no mar e a sua eficácia operacional devido à falta de recursos orçamentais e técnicos e de pessoal qualificado. Além disso, a falta de meios aéreos navais limita a capacidade da Marinha francesa de exercer um controlo efetivo no mar.

O quadro seguinte apresenta os actuais pontos fortes e fracos da Marinha francesa.

[51] O terceiro semáforo (na base naval de Sèmè) entrou em serviço em 2024.

1[52]Quadro nº : Análise SWOT das actividades da Marinha do Benim nas águas sob sua jurisdição

	Forças	Pontos fracos	Oportunidades	Ameaças
Marinha francesa (MN)	- O MN tem uma existência legal; - Tem um organigrama definido e regulamentar; - Apoio político	- Fraca capacidade de vigilância e controlo no espaço marítimo ; - Fraca capacidade de intervenção e de funcionamento quotidiano ; - Insuficiência de bases navais e fluviais ; - Falta de capacidade de manutenção dos recursos existentes	- Contexto político favorável: a ANCAEM, através do PREMAR, constitui uma oportunidade para o MN melhorar o seu desempenho; - A criação da Guarda Nacional: uma oportunidade para reforçar a aquisição de equipamento e mostrar as suas competências; - Os exercícios conjuntos "domínio seguro" estão a	- Pirataria e actos de banditismo, imigração ilegal, pesca IUU; - Actos de terrorismo a partir do mar.

[52] SWOT = Strengths, Weaknesses, Opportunities and Threats (forças, fraquezas, oportunidades e ameaças), é ferramenta de análise utilizada para identificar as principais forças, fraquezas, oportunidades e ameaças de uma determinada situação ou estrutura.

			tornar-se uma ocorrência regular	

Fonte: Produzido por HOUELOKOU, 2024.

A estrutura organizacional da Marinha Francesa é crucial para a sua eficácia operacional e a sua capacidade de cumprir as suas missões. Composta por diferentes entidades que trabalham em estreita colaboração, assegura a coordenação e a execução eficiente das operações marítimas. Esta análise aprofundada irá destacar os componentes desta estrutura e examinar o seu papel no funcionamento global da instituição. A compreensão desta organização permitirá entender melhor como a Marinha francesa mobiliza os seus recursos para garantir a segurança e a proteção dos interesses marítimos do país. Em termos gerais, o organigrama da Marinha francesa é o seguinte

5Figura nº: Organigrama da Marinha Francesa.

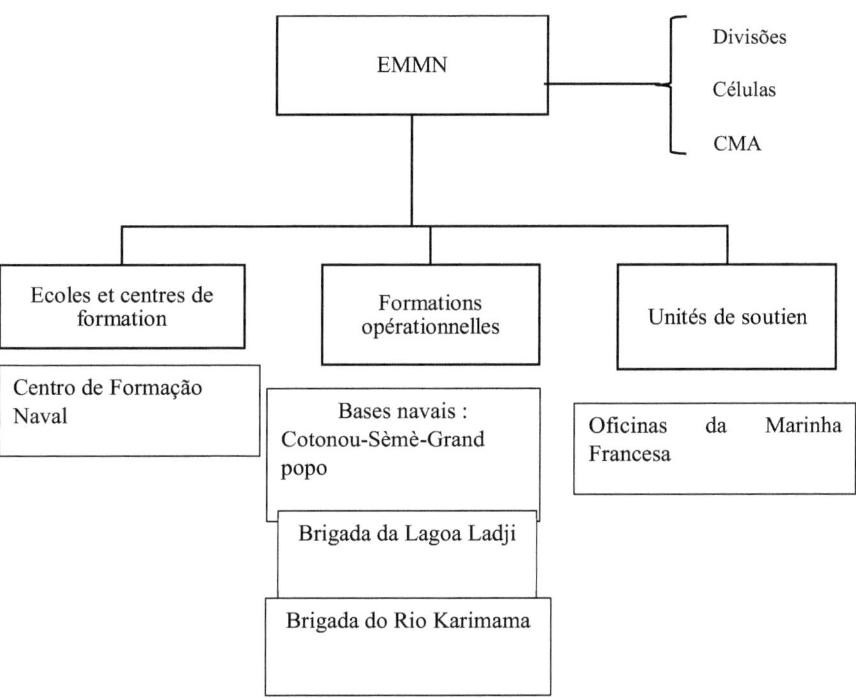

Fonte: Dados de campo. Produzido por HOUELOKOU, 2024.

Esta organização flexível permite que a Marinha Francesa seja reactiva nas suas operações. As formações operacionais, comandadas por oficiais da Marinha com o título de Comandante de Base, respondem diretamente ao Chefe do Estado-Maior da Marinha Francesa. As divisões do Estado-Maior implementam as diretivas do Chefe do Estado-Maior Naval.

Para cumprir as missões que lhe são atribuídas, a Marinha Francesa está implantada em todo o território nacional. A figura abaixo mostra a rede territorial da Marinha Francesa.

6Figura nº : A rede territorial da Marinha francesa.

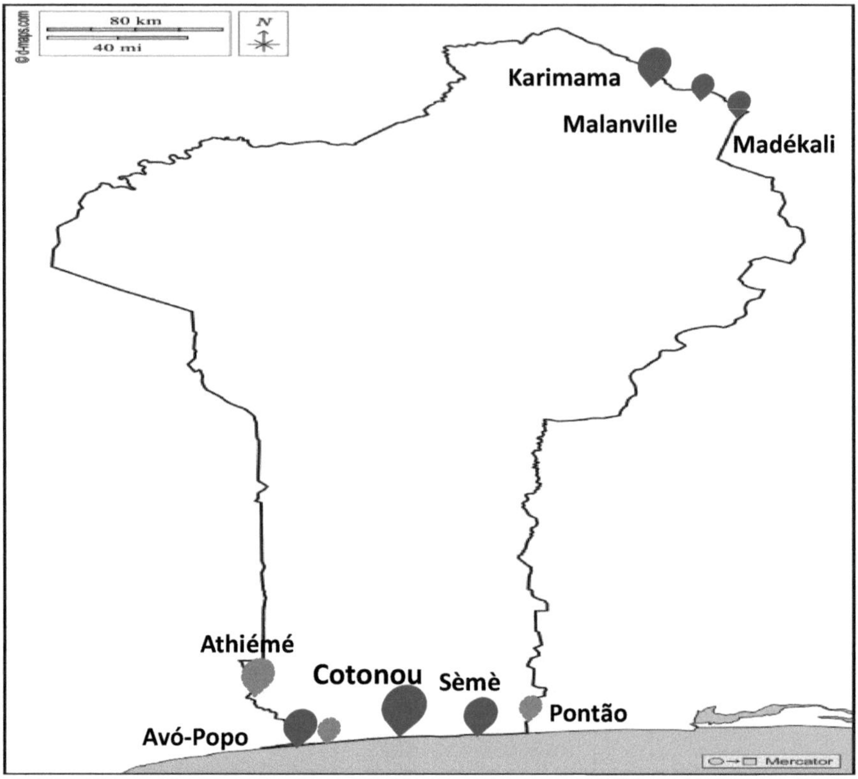

Fonte: Apresentação do CDS intitulada "A Marinha francesa em 2024" no seminário geopolítico do 1° trimestre de 2024 organizado pelo EMG.

As bases navais estão localizadas ao longo da costa de oeste para leste (Gand-Popo, Cotonou e Sèmè). As unidades do norte estão situadas ao longo do rio Níger.

Nas suas operações quotidianas, a Marinha francesa cumpre as missões regulamentares que lhe são atribuídas, nomeadamente em termos de treino operacional. As bases navais de Cotonou, Grand-Popo e Sèmè, com os seus respectivos semáforos, desempenham um papel crucial neste contexto. No âmbito da sua participação na ação governamental no mar, a Marinha é chamada a intervir quando é desencadeada uma ação da Préfecture Maritime.

Por outro lado, também pode tomar a iniciativa de uma ação governamental no mar se forem detectadas actividades suspeitas que exijam uma resposta. Quando tal acontece, é criada uma unidade de crise na Préfecture Maritime para coordenar as acções das unidades da Marinha. Foi o caso do incidente de abril de 2020, em que um navio comunicou um ataque a outro navio. Em resposta, foi enviado um navio de patrulha da Marinha francesa para socorrer o navio em perigo. No entanto, dada a natureza do ataque, a hierarquia militar considerou necessária a intervenção de forças especiais, de que o Benim não dispunha na altura. Por conseguinte, foi activada a cadeia diplomática para que as forças especiais nigerianas pudessem intervir.

Infelizmente, quando chegaram ao local, os criminosos já tinham fugido com os reféns. Este incidente revela a atual capacidade operacional da Marinha Francesa, evidenciando as carências de equipamento. No entanto, as reformas empreendidas no domínio da defesa e da segurança desde 2016 permitiram registar progressos na aquisição de equipamentos importantes. Serão necessários mais alguns anos para avaliar plenamente o impacto destes esforços.

A Marinha Francesa apoia-se em recursos humanos distribuídos pelos diferentes corpos de pessoal das Forças Armadas Beninenses, como mostra o gráfico abaixo.

Figura 9: Repartição percentual dos diferentes corpos de pessoal da Marinha francesa.

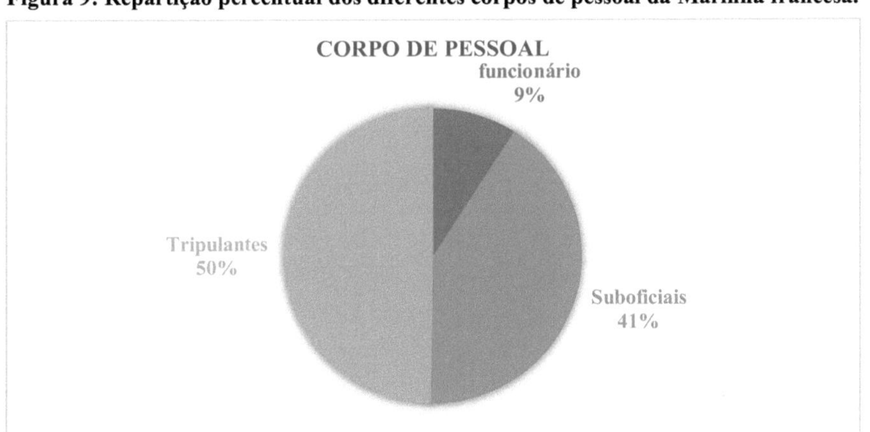

Fonte: Apresentação do CDS intitulada "A Marinha francesa em 2024" no seminário geopolítico do 1° trimestre de 2024 organizado pelo EMG.

É evidente que os meios de que dispõe a Marinha francesa são insuficientes para cumprir corretamente as suas missões e participar na execução da ação do Estado no mar. Então, que melhorias podem ser introduzidas nesta força para dar credibilidade às ambições da nação no mar?

2.2: Reforços desejados para a marinha francesa.

[53]Para proteger as zonas marítimas sob soberania nacional, a estratégia posta em prática, para ser sustentável, deve basear-se numa disponibilidade renovada dos meios da Marinha Francesa para intensificar os exercícios de alta visibilidade no mar e para continuar e intensificar a política de escolta integrada (EPE) iniciada por disposições regulamentares.

Os resultados das respostas às perguntas sobre propostas para melhorar a resposta às ameaças marítimas revelam uma perceção significativa da direção a seguir pelo dispositivo de segurança. De uma amostra de 30 inquiridos, 25 consideram os mecanismos de cooperação internacional na gestão da proteção do transporte marítimo muito eficazes, enquanto 20 os consideram pouco eficazes.

A avaliação da eficácia dos mecanismos de cooperação na gestão da segurança marítima revela percepções diversas entre os inquiridos. Tal reflecte a existência de opiniões divergentes sobre a eficácia destas iniciativas na proteção das vias marítimas.

7Foto N° : Comandos de fuzileiros beninenses em exercício com elementos franceses

[53] Decreto n.º 2020-270 e Despacho Interministerial n.º 016, op. cit.

Fonte: Divisão de Operações da Marinha Francesa, 2021.

A gestão da segurança marítima assenta numa cooperação estreita entre as várias partes interessadas. Os acordos bilaterais entre países vizinhos são essenciais para a gestão das ameaças transfronteiriças. Por exemplo, os acordos entre países vizinhos permitem operações conjuntas de patrulha e salvamento no mar, bem como a partilha de informações. Esta fotografia ilustra um quadro de cooperação entre a Marinha francesa e elementos franceses.

Além disso, esta cooperação é apreciada em diferentes graus pelas pessoas que responderam ao questionário utilizado neste estudo, como mostra o gráfico seguinte:

Figura 10: Mecanismos de cooperação na gestão da segurança marítima.

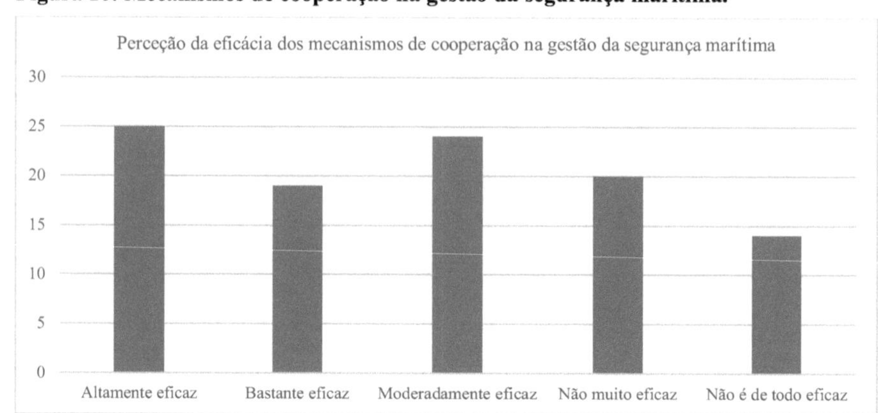

Fonte: Dados de campo, 2023. Com base no questionário do Apêndice 1.

Esta perceção orienta, assim, as propostas apresentadas pelos inquiridos para melhorar o sistema de segurança marítima. A cooperação na gestão da segurança marítima é complexa e multifacetada, envolvendo uma rede de actores e mecanismos a diferentes níveis. Esta cooperação é essencial para garantir a segurança das rotas marítimas, prevenir os actos de pirataria e o tráfico ilegal e assegurar uma resposta eficaz aos incidentes no mar. A sinergia entre actores públicos e privados, tecnologias modernas e quadros jurídicos internacionais constitui a base desta cooperação.

Num contexto em que os desafios marítimos transcendem frequentemente as fronteiras nacionais, o reforço das iniciativas regionais de segurança marítima está a tornar-se uma prioridade fundamental.

Figura 11: Reforço das iniciativas regionais de segurança marítima.

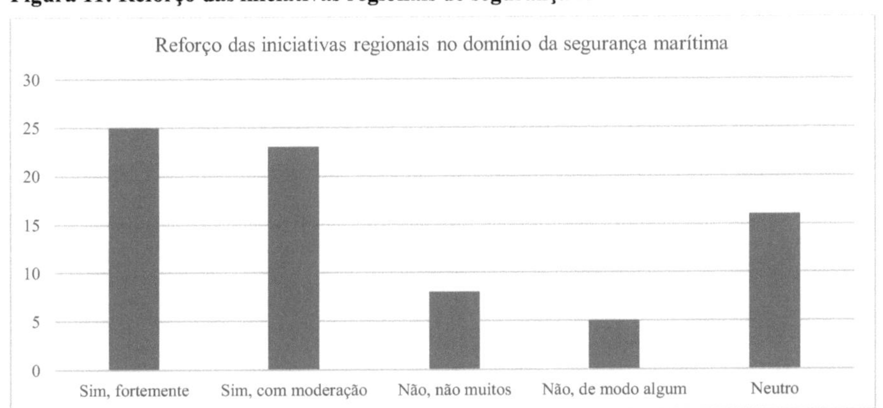

Fonte: Dados de campo, 2023. Com base no questionário do Apêndice 1.

A proteção marítima regional reforça os laços entre os países vizinhos, incentivando a cooperação e a estabilidade política. Ao trabalharem em conjunto em questões comuns, os Estados podem criar confiança mútua e evitar potenciais conflitos. Organizações como a União Africana, o GGC e a CEDEAO demonstraram que a colaboração regional pode conduzir a soluções duradouras para as questões de proteção do transporte marítimo.

No centro das preocupações com a segurança marítima, as melhorias prioritárias a implementar estão a ser cuidadosamente examinadas para reforçar a proteção das águas internacionais.

Como mostra o gráfico seguinte, são necessárias algumas melhorias para reforçar o sistema de segurança marítima do Benim. Estas melhorias vão desde o reforço da legislação até uma maior coordenação entre os actores responsáveis pela ação do Estado no mar, passando por um aumento dos recursos financeiros e por melhorias tecnológicas.

Figura 12: Melhorias prioritárias para reforçar a segurança marítima.

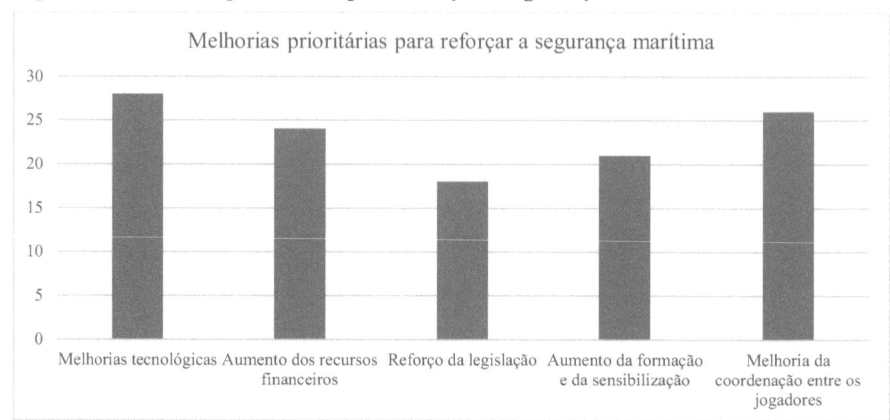

Fonte: Dados de campo, 2023. Com base no questionário do Apêndice 1.

A análise dos gráficos revela uma tendência interessante: embora os inquiridos considerem os mecanismos de cooperação em matéria de gestão da segurança marítima muito eficazes e desejem ver reforçadas as iniciativas regionais, sublinham igualmente a importância de melhorar a tecnologia e aumentar os recursos financeiros para reforçar o sistema de segurança marítima. Assim, para estes inquiridos, privilegiar os mecanismos de segurança regionais ou internacionais parece ser uma solução pragmática. Por outras palavras, enquanto se aguarda que os reforços desejados se tornem efectivos, é fundamental continuar a confiar nas iniciativas de cooperação regional e internacional, mesmo que a sua eficácia seja considerada variável.

O principal inconveniente das iniciativas de cooperação regional e internacional no domínio marítimo é a possível dependência que podem induzir entre os actores nacionais. Esta preocupação é agravada pelo facto de a Marinha francesa já ser dependente para a manutenção dos seus meios operacionais.

Outros reforços para a marinha francesa incluem :

- Vectores aéreos (UAV, aviões) para as patrulhas marítimas, a fim de aumentar a eficácia de resposta da força. No entanto, tendo em conta a pequena dimensão das forças armadas do Benim, seria mais adequado aplicar o princípio de pooling. Neste caso, a Força Aérea seria equipada com estes vectores para serem utilizados pelos dois exércitos.

- Formar mais especialistas nos diferentes domínios técnicos para que a manutenção e a conservação das instalações existentes e futuras possam ser efectuadas no local.

Para desenvolver uma estratégia marítima eficaz, é importante ter em conta vários aspectos fundamentais. Estes incluem a segurança marítima para combater a pirataria, o tráfico de droga e o contrabando, bem como a proteção das vias navegáveis contra a poluição e outros riscos ambientais. Além disso, uma estratégia coerente deve abordar os desafios económicos do comércio marítimo, garantindo rotas comerciais abertas, eficientes e seguras. A cooperação internacional é frequentemente necessária para desenvolver e aplicar esta estratégia, uma vez que muitos desafios marítimos transcendem as fronteiras nacionais. Trabalhando em conjunto, as nações podem reforçar a segurança e a estabilidade dos espaços marítimos mundiais, promovendo uma gestão eficaz dos recursos marinhos e a prosperidade económica.

CAPÍTULO IV: PROCURAR A COERÊNCIA DA ESTRATÉGIA MARÍTIMA DO BENIM

O Benim tem um potencial marítimo promissor para o seu desenvolvimento económico. No entanto, a exploração efectiva desta oportunidade exige uma estratégia marítima coerente e integrada. O presente capítulo examina os diferentes aspectos desta estratégia, sublinhando a importância da coerência. Ao identificar os desafios e as oportunidades, propõe recomendações para reforçar a posição marítima do Benim e promover o desenvolvimento sustentável. Identifica os actuais desafios do país no domínio marítimo e explora as oportunidades para reforçar a sua posição como nação marítima emergente. Com base nas melhores práticas internacionais, são feitas recomendações concretas para melhorar a coerência e a eficácia da estratégia marítima do Benim, com o objetivo de promover um desenvolvimento sustentável e inclusivo. Ao adotar uma abordagem estratégica integrada, o Benim pode explorar plenamente o seu potencial marítimo e desempenhar um papel significativo na prosperidade económica e na segurança regional.

O sistema nacional existente para a ação do Estado no mar não respeita os princípios de uma estratégia marítima acima referidos. Daí a necessidade de procurar uma abordagem marítima eficaz (secção 1). Para ser realista, esta necessidade deve ser acompanhada da manutenção da cooperação regional e internacional (secção 2) em matéria de segurança marítima e de proteção do transporte marítimo.

Secção 1: A necessidade de uma abordagem marítima eficaz.

A necessidade de uma abordagem marítima eficaz é inegável, especialmente para as nações costeiras como o Benim. Os oceanos oferecem inúmeras oportunidades económicas, nomeadamente nos domínios do comércio, da pesca, do turismo e da energia. Uma estratégia marítima bem pensada e implementada pode não só permitir a exploração sustentável destes recursos, mas também reforçar a segurança nacional através da proteção das fronteiras marítimas contra ameaças como a pirataria e o tráfico ilícito.

1.1: Uma mudança na forma como as coisas são feitas.

A noção de "rutura na forma como as coisas são feitas" implica uma mudança significativa na forma como as coisas são tradicionalmente feitas. No contexto marítimo, isto pode significar o abandono de métodos obsoletos ou ineficientes em favor de abordagens inovadoras e adaptáveis. Esta rutura com o passado pode ser motivada por uma série de factores. Em primeiro lugar, a evolução da tecnologia e dos conhecimentos pode tornar obsoletos os métodos antigos. Por exemplo, a utilização de tecnologias de ponta, como os sistemas de vigilância por satélite ou os drones marítimos, pode revolucionar a vigilância das fronteiras marítimas e a luta contra a pirataria.

As mudanças económicas, ambientais e geopolíticas podem exigir uma adaptação das práticas marítimas, como o ajustamento dos processos de transporte marítimo face ao crescimento do comércio eletrónico. A rutura de métodos pode também ser motivada pelo reconhecimento de práticas actuais ineficientes ou insustentáveis, como a sobrepesca, que conduzem a uma regulamentação mais rigorosa. Estas mudanças exigem frequentemente uma mudança de mentalidade e uma vontade política de adaptação, o que implica investimentos em investigação, reformas regulamentares e a colaboração entre os intervenientes no sector marítimo.

Quando o General de Gaulle decidiu, em 1966, retirar a França do comando integrado da NATO, demonstrou uma rutura com o passado. [54]Esta decisão, motivada pela procura de autonomia estratégica e de independência face ao aliado americano, é ilustrativa daquilo a que François Géré chama a autonomia política de um Estado. Para ele, a autonomia política fica comprometida quando um Estado não possui armas nucleares e tem de depender dos que as possuem para a sua segurança. Ambiciosa no seu alcance, esta abordagem poderia ser uma referência para um país como o Benim na sua procura de soberania plena.

Para uma estratégia marítima eficaz, seria inovador e prometedor começar por desenvolver uma doutrina naval. Esta doutrina poderia centrar-se na proteção do território marítimo do Benim, antecipando e prevenindo as ameaças potenciais. Em termos práticos, isto significaria agir proactivamente para evitar o aparecimento destas ameaças nas águas do Benim. Esta abordagem ambiciosa poderia ser dividida em dois domínios principais:

- A primeira fase, a da deteção, consiste em reforçar os meios de vigilância e de deteção da Marinha francesa, tais como semáforos, drones e aviões, para detetar qualquer atividade suspeita fora das águas sob soberania nacional;
- Uma vez detectada uma atividade suspeita, o passo seguinte consiste em tomar medidas. Para tal, são necessários meios de intervenção adequados para responder eficazmente, tanto no mar como em terra, incluindo medidas administrativas e jurisdicionais. É essencial identificar e conhecer as estruturas e os actores envolvidos nesta cadeia para garantir uma resposta adequada.

[54] François Géré, La pensée stratégique française contemporaine, Paris Economica, 9 de fevereiro de 2017, p. 20.

Esta abordagem do santuário das águas territoriais nacionais visa criar um ambiente marítimo seguro, livre de ameaças criminosas, graças a um sistema de deteção e intervenção multifacetado. Embora possam subsistir algumas ameaças, nomeadamente as provenientes de navios supostamente seguros já presentes nas águas territoriais, este sistema deverá permitir uma resposta eficaz.

Além disso, para seguir a lógica de rutura, recomenda-se a criação de um centro ou instituto de investigação marítima. Este centro, para além das suas funções de estudo e de aconselhamento, serviria de referência doutrinal em matéria marítima. Dado que o Benim é um país com vocação marítima, é imperativo transformar esta vocação em realidade para assegurar o seu desenvolvimento socioeconómico.

A adoção de tal abordagem marca uma rutura com as nossas práticas habituais e reflecte a nossa força de vontade, elemento fundamental da nossa capacidade de ação. Dá-nos autonomia em relação aos nossos parceiros técnicos e financeiros, ao mesmo tempo que nos confronta com a necessidade de colmatar a atual falta de meios da Marinha Francesa, que é o eixo da segurança marítima no Benim. Esta mudança de método, seguindo as etapas acima descritas, permitir-nos-á projectarnos num futuro longínquo.

1 .2: Capacidade de se projetar no futuro.

A capacidade de se projetar no futuro é essencial para as estratégias marítimas, uma vez que implica a capacidade de antecipar e planear para além dos desafios e oportunidades imediatos. Isto exige uma visão a longo prazo, uma análise prospetiva e uma tomada de decisões estratégicas. Com efeito, o documento Benin Alafia 2025 Forward View, elaborado em 2000, ilustra uma projeção a longo prazo para o país. Este documento descreve as aspirações do povo beninense para os próximos vinte e cinco anos. No momento em que termina, está em curso um exercício semelhante para 2060, o que sublinha a importância do planeamento a longo prazo para o desenvolvimento do Benim. A iniciativa de prospetiva visa reforçar as capacidades nacionais de antecipação e de ação face às mudanças actuais e futuras, tanto a nível nacional como internacional.

O horizonte escolhido para a visão prospetiva é o ano 2060, que marca os cem anos da independência do Benim, a fim de projetar o desenvolvimento desejado para o país. [55]O Ministro de Estado do Desenvolvimento e da Coordenação da Ação Governativa, Abdoulaye

[55] Abdoulaye Bio Tchané, Ministro de Estado, responsável pelo Desenvolvimento e Coordenação da Ação Governativa, Vice-Presidente do Comité Nacional de Orientação e Controlo da Prospetiva, Palais des Congrès, Cotonou, 23 de novembro de 2023.

Bio Tchané , sublinha que esta nova visão deverá permitir conceber uma estratégia de desenvolvimento nacional a longo prazo para responder aos grandes desafios que se colocam à sociedade beninense, nomeadamente a promoção da paz, a redução da pobreza, a luta contra as desigualdades, a preservação do ambiente, entre muitos outros. Ele exorta-nos a sonhar em grande para o Benim e a incluir esta visão em todas as esferas ministeriais.

A atualização do SNPSSM para uma economia azul requer uma visão a longo prazo. As partes interessadas nacionais devem encarar este processo como um desafio de desenvolvimento sustentável, assegurando que os recursos marítimos são explorados ao mesmo tempo que se preserva a segurança do sector marítimo do Benim. É crucial projetar o sector marítimo para o futuro, a fim de garantir recursos suficientes para as gerações futuras.

Para o efeito, é necessário ter uma ideia clara do que se pode designar por "interesses vitais" do Benim. O mar e todas as actividades que lhe estão associadas são de interesse vital para um país como o Benim, cuja economia está intimamente ligada à exploração dos recursos e das oportunidades do mar. [56]Se é "*responsabilidade do Chefe de Estado avaliar permanentemente os limites dos nossos interesses vitais*", é também evidente que, para poder fazer essa avaliação, deve poder apoiar-se em elementos essenciais, nomeadamente a capacidade do país de se projetar num futuro longínquo

A nova estratégia para a economia azul em curso de elaboração deve, pois, tornar-se um verdadeiro instrumento de planeamento capaz de projetar o sector marítimo num futuro longínquo. O ano de 2060, por exemplo, poderia ser escolhido como horizonte para estar em sintonia com a "visão 2060" adoptada a nível nacional.

A procura de coerência na estratégia marítima do Benim sublinha a importância de manter a cooperação regional e internacional neste domínio. Tendo em conta que o mar é um desafio geopolítico importante e que as questões de segurança marítima exigem abordagens colaborativas, o Benim deve continuar empenhado nesta cooperação. Além disso, dada a atual capacidade de resposta do país à insegurança marítima, é fundamental manter esta cooperação.

[56] Declaração do Presidente Jacques Chirac, em 19 de janeiro de 2006, em Brest, sobre a dissuasão nuclear, consultada em www.vie-publique.fr em 15 de abril de 2024.

Secção 2: Manutenção da cooperação regional e internacional.

Porque o mar é um património comum da humanidade, porque as ameaças que pesam sobre o mar, os seus recursos e os países ribeirinhos do Golfo da Guiné são transfronteiriças e porque o mundo contemporâneo se baseia no direito internacional público, o Benim actua no domínio marítimo em conformidade com as regras internacionais estabelecidas nesta matéria e está vinculado a um certo número de instrumentos e mecanismos de cooperação regional e internacional.

A aplicação destes diferentes instrumentos de cooperação exige práticas de cooperação por parte dos Estados envolvidos. Por exemplo, a Convenção SOLAS (Safety of the Life at Sea) tem por objetivo a proteção da vida humana no mar. Foi criada na sequência do naufrágio do TITANIC ao largo da costa da Terra Nova (Canadá) após colisão com um icebergue, que matou cerca de 1500 das 2200 pessoas a bordo. Define normas para a construção, o equipamento, a gestão da segurança e da proteção (navios e portos) e medidas especiais para os navios destinados a fins especiais.

Além disso, no caso específico dos países do Golfo da Guiné, existe a Estratégia Marítima Integrada (EMI) da CEDEAO, que coloca a tónica numa resposta centrada nas pessoas para a gestão e a exploração do domínio marítimo.

Operando num ambiente interdependente, a manutenção da cooperação regional e internacional permitirá ao Benim adquirir experiência para melhorar a sua estratégia marítima.

2.1: Um ambiente interdependente.

A ordem mundial herdada dos Tratados de Vestefália de 1648 faz do Estado o ator central da cena internacional. Neste sistema, que funciona com base em convenções, tratados, acordos e memorandos de entendimento, certos domínios, como o mar, são confiados a agências especializadas da Organização das Nações Unidas, criada no rescaldo da Segunda Guerra Mundial para promover a paz e a segurança internacionais. A Organização Marítima Internacional (OMI), criada por uma convenção que entrou em vigor em 1958, é a agência especializada das Nações Unidas encarregada de garantir a segurança e a proteção do transporte marítimo e de prevenir a poluição do ambiente marinho pelos navios.

Enquanto país costeiro e membro de pleno direito destas convenções, o Benim está consciente de que faz parte de um ambiente marítimo interdependente. De facto, a interdependência não é apenas uma consequência da economia globalizada, mas também uma necessidade dos Estados de se auto-regularem na sua procura de poder. [57]Neste mundo em mudança, onde a procura da independência ou do chamado "soberanismo" se afirma cada vez mais, nomeadamente nos países a sul do Sara, "*pensar a independência é pensar a interdependência*", ou seja, pensar a nossa relação com os outros no âmbito da nossa vontade de independência. A independência não pode ser hermética. De facto, o mar é o domínio por excelência da interdependência.

No seu breviário estratégico, Hervé Couteau-Bégarie afirma que "*o senhor do mar, dependente do seu comércio marítimo, precisa de manter as suas linhas de comunicação abertas*".[58] É, pois, impossível ser autossuficiente no meio marítimo. A dependência mútua neste sector é não só uma necessidade, mas também uma condição para atingir os objectivos nacionais. Além disso, na ausência de uma indústria de defesa, a interdependência é ainda maior.

A tomada em consideração do ambiente interdependente em que evolui a abordagem marítima nacional deverá reforçar a nossa determinação em dotarmo-nos de uma capacidade credível. Além disso, as oportunidades oferecidas pela cooperação regional e internacional contínua permitirão ao sistema nacional de segurança marítima ganhar experiência.

2 .2: Aquisição de experiência.

O Estado africano, na sua aceção moderna, é uma importação do Estado que emergiu dos Tratados de Vestefália em 1648. Bertrand Badie chama-lhe um "Estado importado".[59] Este Estado, que não é o resultado da dinâmica africana, é aquele que deverá reger a vida dos países recém-independentes. Neste contexto, é fácil compreender que tudo tem de ser aprendido. Aprender a implementar o Estado, ou seja, a exercer as suas prerrogativas de acordo com os padrões definidos no Ocidente, é o desafio fundamental das sociedades africanas. Isto é tanto mais verdade quanto, aquando da independência, a ordem estatal vigente não foi perturbada. Quando muito, houve uma mudança de governantes: os colonialistas foram substituídos pelos nativos. Nestas condições, os conhecimentos e as tecnologias necessárias para garantir a segurança marítima, por exemplo, provêm do Ocidente, que fornece normas e equipamentos.

Manter a cooperação regional e internacional no sector marítimo é, portanto, uma necessidade para a Marinha Francesa, a fim de ganhar experiência. Concretamente, como o Benim não dispõe de uma escola naval nem de uma unidade industrial capaz de fabricar o mais

[57] Bonaventure Mvé Ondo, "*Dépendance, indépendance, interdépendance, repenser l'indépendance*", Afrique contemporaine n°271-272, 2002, pp.19-31, acedido em www.cairn.info a 13 de abril de 2024.
[58] Hervé Couteau-Bégarie, op.cit, p.111.
[59] Bertrand Badie, "*l'État importé, l'occidentalisation de l'ordre politique*", Fayard, Paris, 1992, 334p.

pequeno vetor náutico, só pode manter uma força naval apoiando-se no know-how de outros. Melhor ainda, para adquirir experiência no sector, deve desenvolver parcerias com países que disponham de uma capacidade naval credível.

A recente organização da Operação Domínio Seguro II pode ser analisada sob este prisma. Se é verdade que esta patrulha conjunta visa, antes de mais, afirmar a presença das forças navais dos países da zona E no seu espaço marítimo comum, no âmbito da segurança marítima, também é verdade que a participação ativa da Marinha francesa neste exercício lhe permite adquirir experiência ao lado das outras marinhas envolvidas. De facto, para além da interoperabilidade dos equipamentos e dos procedimentos testados durante este exercício, os meios humanos envolvidos ganharam também experiência em termos de descoberta de equipamentos não disponíveis, da dimensão de aviação naval de uma operação deste tipo e, sobretudo, em termos de "drill".[60] O mesmo se pode dizer da participação da Marinha Francesa em todas as outras iniciativas deste género.

8Foto N° : Comandos de fuzileiros beninenses em exercício com elementos franceses

Fonte: Divisão de Operações da Marinha Francesa, 2021

O recente exercício conjunto entre os comandos das fusiliers do Benim e elementos franceses ilustra a importância da cooperação militar internacional e do intercâmbio de competências entre as forças armadas. Esta formação conjunta tem por objetivo reforçar as

[60] Gíria militar para uma capacidade adquirida através de treino repetido. Diz-se que alguém está treinado numa técnica quando executa ou implementa essa técnica com facilidade. O treino é a única forma de garantir a facilidade de execução.

capacidades operacionais dos comandos dos fusileiros do Benim, dando-lhes a oportunidade de beneficiarem dos conhecimentos e das técnicas avançadas das forças armadas francesas.

Conclusão parcial

A execução da estratégia marítima do Benim enfrenta desafios importantes e perspectivas prometedoras. Um estudo do dispositivo de segurança no Golfo da Guiné põe em evidência estes desafios e as oportunidades a aproveitar.

Em primeiro lugar, é essencial reconhecer as deficiências estruturais a nível nacional, como a falta de coordenação e de recursos, que prejudicam a eficácia das operações marítimas. Estes desafios exigem soluções integradas, que impliquem o reforço das capacidades nacionais, nomeadamente através do investimento em equipamento adequado e da criação de um centro de investigação marinha.

A dinâmica regional aumenta ainda mais a complexidade, com potenciais tensões entre os países ribeirinhos e desafios de cooperação. No entanto, a cooperação regional e internacional continua a ser uma perspetiva crucial para a segurança marítima e o desenvolvimento sustentável no Golfo da Guiné. É imperativo manter e reforçar estas parcerias, assegurando simultaneamente a preservação dos interesses nacionais do Benim.

Por último, a aplicação da estratégia marítima do Benim exige uma abordagem holística, que integre tanto as acções nacionais como os esforços de cooperação regional e internacional. Ao superar os desafios identificados e aproveitar as oportunidades que se lhe deparam, o Benim pode promover uma gestão eficaz e sustentável dos seus recursos marítimos, contribuindo assim para a segurança e a prosperidade da região no seu conjunto.

CONCLUSÃO GERAL

O estudo do dispositivo de segurança do Benim no Golfo da Guiné põe em evidência uma série de desafios complexos e interligados. As insuficiências estruturais a nível nacional, nomeadamente a falta de coordenação entre as diferentes entidades e a limitação dos recursos, prejudicam a eficácia das operações marítimas. Simultaneamente, a dinâmica regional agrava a situação, com potenciais tensões entre os países ribeirinhos e uma cooperação por vezes difícil de implementar. Para superar estes desafios, são necessárias várias acções. Em primeiro lugar, é imperativo reforçar as capacidades nacionais, nomeadamente através do investimento em equipamento adequado para a Marinha francesa e da criação de um centro de investigação marinha.

A cooperação regional e internacional deve ser mantida e reforçada, assegurando simultaneamente a preservação dos interesses nacionais do Benim. A abordagem marítima do país deve ser repensada, tendo em conta os desafios actuais e olhando para o futuro através de uma visão a longo prazo. Em 2006, durante o seu mandato como Presidente da França, Jacques Chirac sublinhou a importância de não reduzir a complexidade das questões de defesa e segurança apenas à luta contra o terrorismo.[61] Alertou para a tentação de concentrar toda a atenção nesta ameaça específica em detrimento de outras questões. Chirac sublinhou que, mesmo perante o aparecimento de novas ameaças, estas não devem ofuscar outros desafios existentes.

Esta reflexão sublinha a necessidade de não subestimar a insegurança marítima no Benim, apesar da urgência do desafio da segurança terrestre nas fronteiras setentrionais do país. Salienta que, embora o desafio terrestre seja atualmente mais preocupante, a insegurança marítima não deve ser ignorada. O objetivo desta análise é examinar o sistema de segurança do Benim face à insegurança marítima no Golfo da Guiné, identificar as suas fraquezas estruturais e propor melhorias para o tornar mais eficaz.

Após a análise do sistema nacional de proteção, verifica-se que este se divide em duas dimensões principais: institucional e operacional. A dimensão institucional baseia-se na estratégia nacional de proteção, segurança e proteção marítima, centrada na Autoridade Nacional encarregada da ação do Estado no mar através da Prefeitura Marítima. A dimensão

[61] Declaração do Presidente Jacques Chirac, em 19 de janeiro de 2006, em Brest, sobre a dissuasão nuclear, consultada em www.vie-publique.fr em 15 de abril de 2024.

operacional do sistema assenta principalmente na Marinha Francesa. As acções de Estado no mar, iniciadas pela Prefeitura Marítima, são executadas por unidades da Marinha Francesa e, inversamente, a Marinha Francesa também pode iniciar acções que são da competência da Prefeitura Marítima. No entanto, o funcionamento deste sistema evidenciou um certo número de lacunas, nomeadamente a ineficácia da coordenação interadministrativa exigida pela autoridade nacional encarregada das acções de Estado no mar, a insuficiência dos meios operacionais da Marinha francesa e a limitação dos recursos financeiros e materiais.

Para além dos desafios internos identificados, vale a pena considerar a complexidade dos mecanismos institucionais regionais existentes. Embora a abordagem de segurança regional seja louvável, a sua implementação quotidiana pode, por vezes, carecer de clareza. Na Zona E, por exemplo, as ambições individuais de cada país membro podem dificultar a cooperação. A Nigéria, ciente da sua superioridade naval sobre vizinhos como o Benim e o Togo, tem tido disputas fronteiriças com os Camarões sobre a Península de Bakassi. [62]O Benim, cujas reservas de petróleo são inteiramente offshore e partilhadas com a Nigéria, tem, por conseguinte, interesse em compreender as perspectivas da Nigéria sobre o Direito do Mar e questões conexas.

Enquanto país com vocação marítima, o Benim não pode ignorar a importância de desenvolver uma doutrina naval. Esta dimensão marítima, que ainda não está totalmente integrada na estratégia marítima atual, exige uma reflexão aprofundada por parte dos diferentes intervenientes. Para avançar para uma economia azul, é imperativo rever as abordagens existentes e reconhecer os nossos interesses vitais, entre os quais o mar e as suas actividades desempenham um papel crucial. Para isso, é necessário tomar uma decisão proactiva de adquirir equipamentos adequados para aumentar a eficácia da Marinha francesa. Ao mesmo tempo, é necessário criar um centro ou instituto de investigação marinha. Para além das suas funções de investigação e de aconselhamento, este tornar-se-ia a referência da doutrina naval do país.

No contexto atual, a coerência da estratégia marítima do Benim exige a manutenção da cooperação regional e internacional existente. A cooperação não é um obstáculo em si, mas é a fraqueza estrutural nacional que torna o país demasiado dependente desta cooperação. É fundamental reforçar as capacidades nacionais para poder escolher as formas de cooperação mais adequadas aos nossos interesses. A cooperação privilegia muitas vezes os interesses dos parceiros técnicos e financeiros em detrimento dos interesses do país beneficiário, uma dinâmica que deve ser corrigida.

---

[62] Philippe Noudjenoume, op. cit.

Na sua relação com o mar, os beninenses manifestam frequentemente atitudes inadequadas, que vão desde actos deliberados de poluição a práticas de pesca ilegais e até à instalação descontrolada de infra-estruturas de lazer junto à água. Esta atitude, muitas vezes incivil, deve-se em grande parte a uma falta de educação sobre o mar. Este facto é tanto mais lamentável quanto a geografia e a economia do país dependem em grande medida do seu ambiente marítimo. Para assegurar um desenvolvimento sustentável, a educação sobre o mar é essencial desde a mais tenra idade. A atualização da Estratégia Nacional de Proteção, Segurança e Proteção Marítima deve constituir uma oportunidade para repensar a abordagem do Benim em relação ao mar, em conformidade com uma visão a longo prazo como a "Visão 2060".

Uma abordagem holística e multidimensional é fundamental para enfrentar os desafios em matéria de segurança e promover o desenvolvimento sustentável no Golfo da Guiné. A conjugação dos esforços nacionais e internacionais permite assegurar uma melhor gestão dos recursos marítimos, contribuindo para a segurança e a prosperidade da região no seu conjunto.

BIBLIOGRAFIA

A. OBRAS GERAIS

1- Badie Bertrand, *L'État importé, occidentalisation de l'ordre politique*, Paris, Fayard, 1992, 334 p.

2- Couteau-Bégarie Hervé, *Bréviaire stratégique*, Paris, Editions du Rocher, 2016, 134p.

3- Géré François, *La pensée stratégique française contemporaine*, Paris Economica, 300p.

4- General Sir Rupert Smith, *L'utilité de la force, l'art de la guerre aujourd'hui*, Paris Economica, 2007, 212p.

5- KAMTO Maurice, *L'urgence de la pensée, réflexions sur une précondition du développement en Afrique*, Yaoundé, éditions MANDARA, 1993, 210p.

6- Taillat Stéphane - Henrotin Joseph- Schmitt Olivier (coll), *Guerre et stratégie*, França, PUF, 2015, p.287.

7- TSHIYEMBE Mwayila e BUSAKA Mayele, *l'Afrique face à ses problèmes de sécurité et de défense,* Paris, Présence africaine, 2001, 262p.

B. LITERATURA ESPECIALIZADA

8- Amegée, K., *Sécurité maritime dans le golfe de Guinée : une réponse régionale à un défi mondial*, Revue des études africaines contemporaines, 2020.

9- International Maritime Bureau, *Piracy and armed robbery against ships: Annual Report 2020.*

10- COUTEAU-BEGARIE Hervé, *Le meilleur des ambassadeurs, théorie et pratique de la diplomatie navale*, Paris, Economica, 2010, 384p.

11- HENROTIN Joseph, *Les fondements de la stratégie navale au XXIe siècle*, Paris, Economica, 2011 488 p.

12- Livro Branco sobre a Defesa e a Segurança, França, edição de 2013, 160 p.

13- Ministério da Defesa Nacional, *Actas finais dos Estados Gerais da Defesa*, Cotonou, 14 - 18 de julho de 1997, 146p.

14- Ministério da Defesa Nacional, *Fórum de Reflexão Geoestratégica, Actas do Fórum*, Cotonou, 2003, 323p.

15- NOUDJENOUME Philippe (dir), *Les frontières maritimes du Bénin*, Paris, l'Harmattan, 2004, 151p.

16- Onuoha, Freedom C, *Maritime security in the Gulf of Guinea: a complex 'systemic security' challenge*, African Security Review, 28(3), 2019, pp.238-252.
17- Gabinete das Nações Unidas contra a Droga e a Criminalidade, *Global Migrant Smuggling Study 2018*. UNODC, 2019.
18- Oluwaniyi, O. O, *Oil theft and maritime security in the Gulf of Guinea: A review of Nigeria's efforts to combat the scourge*, African Security Review, 26(1), 2017, pp.80-95.

C. RELATÓRIOS, ESTUDOS, ARTIGOS, ANÁLISES E COMUNICAÇÕES

19- ABDELHAK Bassou, *La mer du golfe de Guinée, richesses, conflits et insécurité*, Revue Maroco-espagnole de droit international et relations internationales N°2, 2014, pp.151-163.
20- Alexandra Bellayer Roille, *Les enjeux politiques autour des frontières maritimes*, CERISCOPE Frontières, 2011, 18p, consultado em 23/03/2024.
21- Anselme Tsassa, Golfo da Guiné: *limites políticos e desafios geopolíticos?* Nota de análise, Thinking Africa n°32, outubro de 2015.
22- Dr Charles UKEJE, Pr Wullson MVOMO ELA, *Approche africaine de la sécurité maritime : cas du golfe de Guinée*, Abuja, Fondation Fridriech Ebert STIFTUNG, 2013, 50p.
23- Ilinca Mathieu, *Le CIC, clé de voûte de l'architecture interrégionale de sécurité dans le golfe de Guinée*, Revue Défense nationale n°792, Editions Comité d'études de défense nationale, 2016, pp.93-98.
24- Jean Dominique Giuliani, *l'Europe a-t-elle une stratégie maritime*, Revue Défense nationale n°789, Editions Comité d'études de défense nationale, 2016/4, pp.31-36.
25- Hervé Moulinier, *La stratégie maritime de la France et ses perspectives*, Annales des mines - Responsabilités et environnement n°70, éditions ESKA, 2013/2, pp.81-87.
26- Hugues Eudeline, *Stratégie maritime : évolutions et nouveaux acteurs*, Revue Défense nationale n°789, Editions Comité d'études de défense nationale, 2016/4, pp.37-43.
27- Michel Luntumbue, *Piraterie et insécurité dans le golfe de Guinée : défis et enjeux d'une gouvernance maritime régionale*, nota de análise do GRIP, Bruxelas, 30 de setembro de 2011, www.grip.org acedido em 23 de março de 2024.

28- Serge Ségura, *Une stratégie maritime internationale: mythe ou réalité*, Revue Défense nationale n°789, Editions Comité d'études de défense nationale, 2016/4, pp.24-30.
29- Thierry Vircoulon, *Violette Tournier, Sécurité dans le golfe de Guinée : un combat régional*, Politique étrangère 2015/3, pp.161-174.

D. TEXTOS CONSTITUCIONAIS, LEGISLATIVOS E REGULAMENTARES

30- Lei n.º 90-32, de 11 de dezembro de 1990, que estabelece a Constituição da República do Benim, revista pela Lei n.º 2019-40, de 7 de novembro de 2019.
31- Lei n.º 2020-15, de 3 de julho de 2020, que altera e completa a Lei n.º 90-016, de 18 de junho de 1990, que cria as Forças Armadas do Benim.
32- Decreto n.º 2021-579 de 03 de novembro de 2021 sobre a organização geral das Forças Armadas do Benim e a organização do comando na FAB.
33- Decreto n.º 2008-735, de 22 de dezembro de 2008, que aprova a política e a estratégia de segurança nacional.
34- Decreto n.º 2014-785, de 31 de dezembro de 2014, relativo à criação, às competências e ao funcionamento da autoridade nacional responsável pela ação do Estado no mar, alterado pelo Decreto n.º 2017-523, de 15 de novembro de 2017, e pelo Decreto n.º 2019-450, de 9 de outubro de 2019.
35- Decreto n.º 2007-621, de 31 de dezembro de 2007, relativo à criação, composição, competências, organização e funcionamento dos organismos de gestão da proteção, segurança e proteção do transporte marítimo.
36- Decreto n.º 2021-581, de 03 de novembro de 2021, sobre as competências, a organização e o funcionamento do Quartel-General da Marinha Nacional.
37- Decreto n.º 2013-551, de 30 de dezembro de 2013, que aprova a Estratégia Nacional de Proteção, Segurança e Proteção Marítima.
38- Decreto n°2020-270 de 06 de maio de 2020 relativo à obrigação de guarda armada para os navios comerciais com destino aos portos do Benim.
39- Portaria interministerial n.º 2020-016 relativa à proteção dos navios nas águas territoriais do Benim.

E. WEBOGRAFIA - QUESTIONÁRIO

40- www.gouv.bj.

41- www.vie-publique.fr/discours/160098-declaration-de-m-jacques-chirac-president-de-la-republique-sur-la-pol

42- WWW.cairn.info

43- www.news.un.org: Transnational maritime crime is growing in scale and sophistication, acedido em maio de 2024.

44- www.atlas-mag.net, Atlas Magazine: Maritime piracy: causes, issues and instruments to combat the phenomenon, consultado em abril de 2024.

45- www.atlas-mag.net, Atlas Magazine: Nigeria's waters: the new global centre of maritime piracy, consultado em abril de 2024.

46- www.gouvernement.fr: Secretariado-Geral do Mar, Ação do Estado no mar, consultado

Apêndices

1Apêndice nº : Questionário

Parte 1: Análise do mecanismo de resposta

1. Que tipos de actores estão implicados na segurança marítima no Benim?

   ☐ Governo ☐ Autoridades portuárias

   ☐ Marinha ☐ Empresas privadas

   ☐ ONGS ☐ Outros : __________

2. Como classificaria a rapidez da resposta em caso de incidente marítimo?

   ☐ Muito rápida ☐ Razoavelmente rápida ☐ Média

   ☐ Lento ☒ Muito lento

3. Os recursos afectados à segurança marítima são suficientes

   ☐ Sim ☐ Não

   Em caso negativo, quais são os recursos que mais lhe faltam?

   ☐ Humanos ☐ Materiais ☐ Financeiros

4. A formação em segurança marítima oferecida às partes interessadas é adequada?

   ☐ Sim ☐ Não

Parte 2: Identificação dos pontos fracos do sistema de resposta

5. Qual é o principal obstáculo a uma resposta eficaz em matéria de segurança marítima?

   ☐ Falta de coordenação entre os actores ☐ Recursos insuficientes

   ☐ Quadro legislativo inadequado ☐ Falta de formação

6. Em que medida os desafios tecnológicos afectam a capacidade de resposta?

   ☐ Muito significativamente ☐ De forma significativa

   ☐ Moderadamente ☐ Pouco ☐ De modo algum

7. A legislação atual apoia eficazmente a segurança marítima?

   ☐ Sim, muito eficazmente ☐ Sim, de forma bastante eficaz

   ☐ De forma moderada ☐ Não, não muito eficaz

   ☐ Não, nada eficaz

Parte 3: Soluções propostas para melhorar o sistema de resposta

8. A que melhorias daria prioridade para reforçar a segurança marítima?

   ☐ Melhorias tecnológicas

   ☐ Aumento dos recursos financeiros

   ☐ Reforço da legislação

☐ Aumento da formação e da sensibilização
☐ Melhoria da coordenação entre as partes interessadas

9. Devem ser reforçadas as iniciativas regionais no domínio da segurança marítima?
   ☐ Sim, fortemente ☐ Sim, moderadamente ☐ Neutro

   ☐ Não, não muito ☐ Não, de todo
10. Qual a eficácia dos mecanismos de cooperação internacional na gestão da segurança marítima?
   ☐ Muito eficazes ☐ Algo eficaz ☐ Moderadamente eficazes
   ☐ Não muito eficaz ☐ Não é de todo eficaz

2Anexo nº: Decreto nº 2014-785 de 31 de dezembro de 2014.

APJBI

REPUBLIQUE DU BENIN

Fraternité-Justice-Travail

PRESIDENCE DE LA REPUBLIQUE

DECRET N°2014-785 DU 31 DECEMBRE 2014
portant création, organisation, attributions et fonctionnement de l'Autorité Nationale Chargée de l'Action de l'Etat en Mer.

LE PRESIDENT DE LA REPUBLIQUE,

CHEF DE L'ETAT,

CHEF DU GOUVERNEMENT,

Vu la loi n° 90-32 du 11 décembre 1990 portant Constitution de la République du Bénin ;

Vu la Convention des Nations-Unies sur le droit de la mer, signée à Montégo Bay le 10 décembre 1982 ;

Vu la loi n° 97-028 du 15 janvier 1999 portant organisation de l'administration territoriale de la République du Bénin ;

Vu la loi n° 2010-11 du 27 décembre 2010 portant code maritime en République du Bénin ;

Vu la proclamation, le 29 mars 2011 par la Cour Constitutionnelle, des résultats définitifs de l'élection présidentielle du 13 mars 2011 ;

Vu le décret n°2014-512 du 20 août 2014 portant composition du Gouvernement ;

Vu le décret n° 2012-191 du 03 juillet 2012 fixant la structure-type des Ministères ;

Vu le décret n° 2014-260 du 18 avril 2014 portant attributions, organisation et fonctionnement du Ministère de la Défense Nationale ;

Vu le décret n° 2012-432 du 06 novembre 2012 portant attributions, organisation et fonctionnement du Ministère Délégué auprès du Président de la République Chargé de l'Economie Maritime, du Transport Maritime et des Infrastructures Portuaires ;

Vu le décret n° 2013-551 du 30 décembre 2013 portant adoption de la stratégie nationale de protection, de sécurité et de sûreté maritimes ;

Sur proposition conjointe du Ministre de la Défense Nationale et du Ministre de l'Economie Maritime et des Infrastructures Portuaires ;

Le Conseil des Ministres entendu en sa séance du 25 novembre 2014,

DECRETE :

Chapitre 1er : DE LA CREATION, DE LA MISSION ET DES ATTRIBUTIONS.

Article 1er : Il est créé à la Présidence de la République une structure dénommée « **A**utorité **N**ationale **C**hargée de l'**A**ction de l'**E**tat en **M**er » (ANCAEM).

Article 2 : L'Autorité Nationale Chargée de l'Action de l'Etat en Mer (ANCAEM) est dotée de la personnalité juridique, de l'autonomie financière et de l'autonomie de gestion.

1

L'autorité du Préfet Maritime s'exerce jusqu'à la limite des eaux sur le rivage de la mer. Elle ne s'exerce pas à l'intérieur des limites administratives des ports. Dans les estuaires, elle s'exerce en aval des limites transversales de la mer.

Article 8 : Le Préfet Maritime est nommé par le Président de la République parmi les officiers généraux des Forces Navales.

Il a rang de ministre. Il dispose d'un cabinet.

Section 2 : Du Secrétaire Général

Article 9 : Le Secrétaire Général est la deuxième personnalité de l'Autorité Nationale Chargée de l'Action de l'Etat en Mer (ANCAEM). Il supplée le Préfet Maritime en cas d'absence ou d'empêchement.

Article 10 : Le Secrétaire Général constitue la mémoire de l'Autorité Nationale Chargée de l'Action de l'Etat en Mer (ANCAEM). Il assure le fonctionnement harmonieux des Services Techniques de l'institution.

Il est nommé par le Président de la République parmi les cadres civils ayant des connaissances avérées dans le domaine maritime.

Section 3 : Du pôle des experts

Article 11 : Le pôle des experts est chargé d'assister le PREMAR dans ses missions de gouvernance, de coordination et de police administrative en mer. Il conseille le PREMAR sur l'action de l'Etat en mer et prépare les réunions du Comité Technique de Protection, de Sécurité et de Sûreté Maritime.

Article 12 : Il est composé d'une équipe constituée d'experts issus des principales administrations engagées dans l'Action de l'Etat en Mer à savoir :

- la Direction de la Marine Marchande ;
- la Police Nationale ;
- la Protection civile ;
- la Gendarmerie Nationale ;
- les Douanes ;
- les Forces Aériennes ;
- les Forces Navales ;
- la Direction des Pêches ;
- la Direction Générale de l'Environnement ;
- le Secrétariat Général du Ministère des Affaires Etrangères, de l'Intégration Africaine, de la Francophonie et des Béninois de l'Extérieur ;
- le Secrétariat Général du Ministère de la Justice, de la Législation et des Droits de l'Homme.

Section 4 : Des services techniques

Article 13 : Les services techniques de l'ANCAEM sont :

- le service de la Sécurité et de la Sûreté Maritimes ;
- le service de l'Information et de la Communication Maritime ;
- le service Juridique ;
- le service de l'Environnement Marin et de la Recherche Océanographique ;
- le service des Affaires Administratives et Financières ;

3

- le Secrétariat Administratif.

Article 14 : Le service de la sécurité et de la sûreté maritime assure la sauvegarde des droits souverains du Bénin dans l'espace maritime conformément au droit national et international.

Article 15 : Le service de l'Information et de la Communication Maritime est chargé de promouvoir l'image de marque de l'ANCAEM et de l'espace maritime béninois auprès de la communauté maritime nationale et internationale.

Article 16 : Le service juridique est chargé de conseiller le Préfet Maritime sur le cadre légal dans lequel s'exercent l'ensemble de ses prérogatives.

Article 17 : Le Service de l'Environnement Marin et de la Recherche Océanographique est chargé de la protection de la biodiversité marine et d'assurer la connaissance et la maitrise du milieu marin, à travers des recherches et des publications, en liaison avec les universitaires et les centres universitaires nationaux et étrangers.

Article 18 : Le Service des Affaires Administratives et Financières est chargé d'assurer la gestion des ressources humaines, financières et du matériel de l'Autorité Nationale Chargée de l'Action de l'Etat en Mer (ANCAEM). Il dispose d'un Agent comptable.

Article 19 : Le Secrétariat administratif est chargé de toutes les activités d'ordre administratif indispensables au bon fonctionnement de l'Autorité Nationale Chargée de l'Action de l'Etat en Mer (ANCAEM). Il s'occupe de l'enregistrement des courriers et leur ventilation, de la saisie des documents, de l'accueil et de l'orientation des usagers.

Chapitre 3 : DU COMITE TECHNIQUE DE PROTECTION DE SECURITE ET DE SURETE MARITIMES (CTPSSM)

Article 20 : Le Comité Technique de Protection, de Sécurité et de Sûreté Maritimes (CTPSSM) assiste l'ANCAEM dans sa mission de coordination des administrations. Il est présidé par le PREMAR.

Article 21 : Le Comité technique de protection, de sécurité et de sûreté maritimes comprend, outre son président :

✓ un coordonnateur/Secrétaire permanent : le Chef d'Etat-Major des Forces Navales ;

✓ un coordonnateur adjoint : le Directeur de la Marine Marchande ;

✓ un rapporteur : le Directeur Général du Port Autonome de Cotonou ;

✓ des membres à savoir :

  - le Directeur des Transports Maritimes et fluvio-lagunaires ;
  - le Directeur Général des Douanes et Droits Indirects ;
  - le Directeur des Pêches ;
  - le Directeur Général de l'Environnement ;
  - le Directeur de l'Agence Nationale de la Prévention et de la Protection Civile ;
  - le Directeur Général de l'Agence Nationale de Gestion Intégrée des Espaces Frontaliers ;

4

- le Directeur des Affaires Juridiques au Ministère des Affaires Etrangères, de l'Intégration Africaine, de la Francophonie et des Béninois de l'Extérieur ;
- le Directeur des Pays du Voisinage au Ministère des Affaires Etrangères, de l'Intégration Africaine, de la Francophonie et des Béninois de l'Extérieur ;
- le Directeur des affaires civiles et Pénale du Ministère de la justice ;
- le Chef d'Etat-Major des Forces Aériennes ;
- le Directeur Général du Budget ;
- le Commissaire chargé du Commissariat spécial de police du port de Cotonou, représentant le Directeur Général de la Police Nationale ;
- le commandant de la brigade spéciale de la gendarmerie du port de Cotonou, représentant le Directeur Général de la Gendarmerie Nationale.

Article 22 : Le Comité Technique de Protection, de Sécurité et de Sûreté Maritimes se réunit une fois par trimestre en session ordinaire, sur convocation de son Coordonnateur/Secrétaire permanent. Il peut également se réunir en session extraordinaire en cas de besoin.

Le coordonnateur est suppléé dans sa mission par son adjoint en cas d'absence ou d'empêchement.

Article 23 : Sous la responsabilité de l'ANCAEM, les Forces Navales du Bénin peuvent intervenir en mer au profit des autres administrations de l'Etat. Les programmes et les modalités de ces actions sont établis par le CTPSSM. Les Forces Navales peuvent embarquer pour ces missions des agents de ces administrations.

Chapitre 4 : DU PERSONNEL ET DU BUDGET DE L'AUTORITE NATIONALE CHARGEE DE L'ACTION DE L'ETAT EN MER (ANCAEM).

Section 1 : Du personnel

Article 24 : Le personnel de l'Autorité Nationale Chargée de l'Action de l'Etat en Mer (ANCAEM) est mis à sa disposition par les Ministres concernés par l'Action de l'Etat en Mer.

Il comprend :

- les Agents Permanents de l'Etat, civils, militaires et paramilitaires ;
- les agents contractuels de l'Etat ;
- les agents conventionnés.

Article 25 : Les modalités de recrutement du personnel et les qualifications exigées sont définies par le Préfet Maritime dans le cadre de la politique générale et conformément aux textes en vigueur.

Section 2 : Du budget

Article 26 : Les ressources de l'Autorité Nationale Chargée de l'Action de l'Etat en Mer (ANCAEM) comprennent :

- des ressources du budget national ;
- des ressources du mécanisme de financement de la sécurisation maritime ;
- des ressources provenant des activités telles que les arraisonnements sur les fautes de police en mer et la gestion des catastrophes civilement imputables ;
- des subventions, dons et legs, conformément à la législation en vigueur ;

5

- une partie du produit des amendes, transaction et confiscations prononcées pour la répression des infractions commises en mer.

Article 27 : le règlement financier de l'Autorité Nationale Chargée de l'Action de l'Etat en Mer (ANCAEM), approuvé par le Ministre chargé des Finances, détermine la portée de l'autonomie financière et de gestion de l'Autorité Nationale Chargée de l'Action de l'Etat en Mer (ANCAEM) notamment en ce qui concerne :

- les règles de préparation et de présentation du budget de l'Autorité Nationale Chargée de l'Action de l'Etat en Mer (ANCAEM) qui devra être approuvé par le Ministre chargé des Finances ;
- les opérations ou actes de gestion soumis au visa préalable du Ministre chargé des Finances ;
- les modalités de contrôle du Ministre chargé des Finances à l'égard du gestionnaire administratif et financier ainsi que de l'agent comptable.

Article 28 : Les charges de l'Autorité Nationale Chargée de l'Action de l'Etat en Mer (ANCAEM) comprennent :

- les dépenses de fonctionnement ;
- les dépenses d'investissement.

Article 29 : L'Autorité Nationale Chargée de l'Action de l'Etat en Mer (ANCAEM) est soumise au contrôle des organes de contrôle et notamment de l'Inspection Générale d'Etat.

Chapitre 5 : **DES DISPOSITIONS DIVERSES ET FINALES.**

Article 30 : Le Préfet Maritime, le Secrétaire Général et les Chefs des Services Techniques bénéficient d'avantages matériels et financiers qui seront définis par arrêté.

Article 31 : Les membres du CTPSSM perçoivent une indemnité de session à l'occasion de leurs réunions périodiques. Le montant de cette indemnité est déterminé par le règlement financier.

Article 32 : Le Ministre de la Défense Nationale, le Ministre de l'Intérieur, de la Sécurité Publique et des Cultes, le Ministre de l'Economie, des Finances et des Programmes de Dénationalisation et le Ministre de l'Economie Maritime et des Infrastructures Portuaires sont chargés, chacun en ce qui le concerne, de l'exécution du présent décret qui sera publié au Journal Officiel de la République du Bénin.

Fait à Cotonou, le 31 decembre 2014

Le Président de la République,
Chef de l'Etat, Chef du Gouvernement,

Boni YAYI

Le Ministre d'Etat chargé de l'Enseignement Supérieur
et de la Recherche Scientifique,

François Adebayo ABIOLA

Le Ministre de l'Economie, des Finances
et des Programmes de Dénationalisation,

Komi KOUTCHE

Le Ministre de la Défense Nationale,

Robert Théophile YAROU

Le Ministre des Affaires Etrangères,
de l'Intégration Africaine, de la Francophonie
et des Béninois de l'Extérieur,

Nassirou BAKO ARIFARI

Le Ministre de l'Intérieur, de la
Sécurité Publique et des Cultes,

Dossou Simplice CODJO

Le Ministre de l'Economie Maritime
et des Infrastructures Portuaires,

Rufin Orou Nan NANSOUNON

AMPLIATIONS : PR 6 AN 4 CS 2 CC 2 CES 2 HAAC 2 HCJ 2 MECESRS 2 MDN 2 MAEIAFBE 2 MEFPD2 MISPC 2 MEMIP 2 AUTRES MINISTERES 21 SGG 4 DGBM-DCF-DGTCP-DGID-DGDDI 5 BN-DAN-DLC 3 GCONB-DGCST-INSAE 3 BCP-CSM-IGAA-IGE 4 UAC-ENAM-FADESP 3 UP-FDSP2 JORB 1

3Anexo nº : Despacho Interministerial n°2020016/MIT/MDN/MISP/MEF/DC/SGMCTJ/SA /020SGG20 de 13 de julho de 2020.

RÉPUBLIQUE DU BÉNIN

MINISTÈRE DES INFRASTRUCTURES ET DES TRANSPORTS

MINISTÈRE DÉLÉGUÉ AUPRÈS DE LA PRÉSIDENCE DE LA RÉPUBLIQUE, CHARGÉ DE LA DÉFENSE NATIONALE

MINISTÈRE DE L'INTÉRIEUR ET DE LA SÉCURITÉ PUBLIQUE

MINISTÈRE DE L'ÉCONOMIE ET DES FINANCES

ARRÊTÉ INTERMINISTÉRIEL

ANNEE 2020 N° 016 /MIT/MDN/MISP/MEF/DC/SGM/CJ/SA/020SGG20

PORTANT MODALITÉS DE PROTECTION DES NAVIRES DANS LES EAUX TERRITORIALES DU BÉNIN

LE MINISTRE DES INFRASTRUCTURES ET DES TRANSPORTS,

LE MINISTRE DÉLÉGUÉ AUPRÈS DU PRÉSIDENT DE LA RÉPUBLIQUE, CHARGÉ DE LA DÉFENSE NATIONALE,

LE MINISTRE DE L'INTÉRIEUR ET DE LA SÉCURITÉ PUBLIQUE,

LE MINISTRE DE L'ÉCONOMIE ET DES FINANCES,

Vu la loi n° 90-32 du 11 décembre 1990 portant Constitution de la République du Bénin, telle que modifiée par la loi n° 2019-40 du 07 novembre 2019,

vu la loi n° 2010-11 du 07 mars 2011 portant code maritime en République du Bénin,

vu la loi n° 2019-07 du 14 janvier 2019 fixant le régime des armes, munitions et autres matériels connexes en République du Bénin,

vu la décision portant proclamation, le 30 mars 2016 par la Cour constitutionnelle, des résultats définitifs de l'élection présidentielle du 20 mars 2016,

vu le décret n° 2019-396 du 05 septembre 2019 portant composition du Gouvernement,

vu le décret n° 2019-430 du 02 octobre 2019 fixant la structure type des Ministères,

vu le décret n° 2014-785 du 31 décembre 2014 portant création, organisation et attributions et fonctionnement de l'Autorité Nationale Chargée de l'Action de l'État en Mer,

vu le décret n°2016-415 du 20 juillet 2016 portant attributions, organisation et fonctionnement du Ministère de la Défense nationale,

vu le décret n° 2016-416 du 20 juillet 2016 portant attributions, organisation et fonctionnement du Ministère de l'Intérieur et de la Sécurité Publique, vu le décret n° 2016-418 du 20 juillet 2016 portant attributions, organisation et fonctionnement du Ministère des Infrastructures et des Transports,

vu le décret n° 2017-041 du 25 janvier 2017 portant attributions, organisation et fonctionnement du Ministère de l'Économie et des Finances,

vu le décret 2020-270 du 06 mai 2020 portant obligation d'une protection armée des navires de commerce en escale dans les ports du Bénin,

Considérant les nécessités de service,

ARRÊTENT

Article 1er : Obligation des navires

Il est fait obligation à tout navire à destination d'un port du Bénin d'avoir une équipe armée de protection embarquée (EAPE). A défaut, il lui est obligatoirement fourni une prestation de protection par les Forces publiques béninoises à l'entrée des eaux territoriales du Bénin. Les frais y afférents sont payés auprès du port d'escale.

Article 2 : Autorisation d'entrée avec une EAPE

Tout navire à destination d'un port du Bénin, ayant à son bord une équipe armée de protection embarquée, adresse par le biais de sa société de consignation une demande d'autorisation d'entrée dans les eaux territoriales du Bénin avec son équipe armée de protection embarquée.

Article 3 : Modalités de demande d'autorisation

La demande d'autorisation d'entrée dans les eaux territoriales du Bénin est un formulaire obligatoirement renseigné en ligne et adressé au Directeur du port d'escale 72 heures au moins avant l'arrivée du navire.

Article 4 : Interdiction de stockage d'armement au Bénin

L'autorisation d'entrée dans les eaux territoriales du Bénin, avec une équipe armée de protection embarquée, ne vaut pas autorisation de stockage d'armement au Bénin. Le navire a l'obligation de repartir avec tout l'armement de l'équipe armée de protection embarquée après son séjour au Bénin.

Article 5 : Vérification et scellement de l'armement à quai

Tout navire, autorisé à entrer dans les eaux territoriales du Bénin, est soumis à une vérification suivie d'une mise sous scellés de tout l'armement de l'équipe armée de protection embarquée.

Cette opération est effectuée à quai par une équipe des Forces armées béninoises sous la responsabilité de la Préfecture maritime.

Article 6 : Descellement à quai au départ

Au départ du navire, l'équipe des Forces armées procède, à quai, au descellement de tout l'armement de l'équipe armée de protection embarquée.

Article 7 : Escorte des navires non pourvus d'équipe armée de protection embarquée

Les navires non pourvus d'équipe armée de protection embarquée, devant entrer au port sans séjour dans la rade, sont escortés depuis la zone d'accueil jusqu'à l'embarquement des pilotes du port d'escale et leurs entrées à quai.

Article 8 : Zone d'accueil des navires

La zone d'accueil des navires est un quadrilatère délimité par les quatre points ci-après :

- Point A : 06°16'N 002° 28'E
- Point B : 06° 11'N 002° 28'E
- Point C : 06° 11'N 002° 23'E
- Point D : 06° 16'N 002° 23'E

Les mouvements des navires vers la zone sus indiquée sont coordonnés par le sémaphore de la Marine nationale.

Article 9 : Protection des navires au mouillage dans la rade

Les navires non pourvus d'équipe armée de protection embarquée et devant séjourner dans la rade, se rendent directement aux postes de mouillage attribués par le sémaphore et accueillent à leurs bords les équipes de fusiliers marins dès leurs arrivées aux postes.

Article 10 : Processus de la protection armée

La protection armée fournie par les Forces armées se présente ainsi qu'il suit :

a. dès son mouillage, l'équipe de fusiliers de la Marine nationale embarque à son bord et assure sa protection jusqu'à son accostage s'il n'a pas séjourné dans la rade et n'a pas fait l'objet d'une escorte directe ;

b. à son départ, il est escorté par un vecteur de la Marine nationale qui assure sa protection jusqu'à sa vitesse de croisière qu'il ait séjourné ou non dans la rade à son arrivée.

Article 11 : Coût des prestations

Le coût des prestations fournies par les Forces armées est à la charge de l'armateur. Il est recouvré par les services de son port d'escale. Ce coût est fixé ainsi qu'il suit :

Taille du navire (longueur)	Inspection à quai	Fourniture d'EAPE		Fourniture d'Escorte
	Mise sous scellés Levée des scellés	Forfait par navire accosté au port	Séjour en rade sur décision de l'armateur *(additionnel par jour)*	Forfait au départ du quai ou de la rade
Moins de 100 m	200 000 F CFA	350 000 F CFA	150 000 F CFA	360 000 F CFA
Plus de 100 m	200 000 F CFA	450 000 F CFA	170 000 F CFA	360 000 F CFA

Article 12 : Suivi-évaluation du dispositif

Un comité de suivi-évaluation est mis en place pour évaluer l'efficacité du dispositif et y apporter, si nécessaire, des améliorations. Ce comité est présidé par le Préfet maritime et est composé comme suit :

- Préfet maritime ;
- Chef d'État-major de la Marine nationale ;
- Conseiller Technique Juridique du Ministre des Infrastructures et des Transports (CTJ/MIT) ;
- Directeur des Ports (DP) ;
- Directeur Général du Port Autonome de Cotonou (DG/PAC) ;
- Directeur de la Marine Marchande (DMM) ;
- Représentant de l'Association des Consignataires et Agents Maritimes (ACAM) ;

Article 13 : Sanctions

Les infractions au présent arrêté interministériel exposent leurs auteurs aux poursuites et peines prévues par le Code maritime et le Code Pénal.

Article 14 : Entrée en vigueur

Le présent arrêté, qui abroge toutes dispositions antérieures contraires, prend effet pour compter de la date de sa signature et sera publié au Journal Officiel.

Fait à Cotonou, le 13 JUILLET 2020

Le Ministre des Infrastructures et des Transports,

Hervé HEHOMEY

Le Ministre Délégué auprès du Président de la République chargé de la Défense nationale,

Fortunet Alain NOUATIN

Le Ministre de l'Économie et des Finances,

Romuald WADAGNI

Le Ministre de l'Intérieur et de la Sécurité Publique,

Sacca LAFIA

AMPLIATIONS : PR 6 – AN 4 – CC 2 – CS 2 – CES 2 – HAAC 2 – HCJ 2 – MESGPR 2 – MJL 2 – MEF 2 – MAEP 2 – MISP 2 – MIT 2 – MDN 2 - AUTRES MINISTÈRES 17 – SGG 4 – JORTB 1.

MIX
Papier aus verantwortungsvollen Quellen
Paper from responsible sources
FSC® C105338

Printed by Books on Demand GmbH, Norderstedt / Germany